"十三五"高等院校数字艺术精品课程规划教材

全彩慕课版

Illustrator CS6
核心应用案例教程

潘强 编著

U0220260

人民邮电出版社

北　京

图书在版编目（CIP）数据

Illustrator CS6核心应用案例教程：全彩慕课版 /
潘强编著. -- 北京：人民邮电出版社，2019.9（2022.1重印）
"十三五"高等院校数字艺术精品课程规划教材
ISBN 978-7-115-50102-8

Ⅰ. ①I… Ⅱ. ①潘… Ⅲ. ①图形软件－高等学校－
教材 Ⅳ. ①TP391.412

中国版本图书馆CIP数据核字(2018)第259789号

内 容 提 要

本书全面、系统地介绍了 Illustrator CS6 的基本操作技巧和核心功能，包括初识 Illustrator、
Illustrator 基础知识、常用工具、图层与蒙版、绘图、高级绘图、图表、特效和商业案例等内容。

本书内容均以课堂案例为主线，每个案例都有详细的操作步骤，学生通过实际操作可以快速熟
悉软件功能和艺术设计思路。每章的软件功能解析部分使学生能够深入学习软件功能和制作特色。
主要章节的最后还安排了课堂练习和课后习题，可以拓展学生对软件的实际应用能力，提高学生的
软件使用技巧。商业案例的制作可以帮助学生快速掌握商业图形的设计理念和设计元素，顺利达到
实战水平。

本书可作为高等院校数字媒体艺术类专业 Illustrator 课程的教材，也可供初学者自学参考。

◆ 编　著　潘　强
责任编辑　桑　珊
责任印制　马振武

◆ 人民邮电出版社出版发行　　北京市丰台区成寿寺路 11 号
邮编　100164　电子邮件　315@ptpress.com.cn
网址　http://www.ptpress.com.cn
北京瑞禾彩色印刷有限公司印刷

◆ 开本：787×1092　1/16
印张：13.75　　　　　　　　2019 年 9 月第 1 版
字数：352 千字　　　　　　2022 年 1 月北京第 6 次印刷

定价：69.80 元

读者服务热线：(010)81055256　印装质量热线：(010)81055316
反盗版热线：(010)81055315
广告经营许可证：京东市监广登字 20170147 号

FOREWORD ———————————————————— 前 言

Illustrator 简介

　　Illustrator 是由 Adobe 公司开发的矢量图形处理和编辑软件。它在插图设计、字体设计、广告设计、包装设计、界面设计、VI 设计、动漫设计、产品设计和服装设计等领域都有广泛的应用，功能强大、易学易用，深受图形图像处理爱好者和平面设计人员的喜爱，已经成为这一领域最流行的软件之一。

作者团队

　　新架构互联网设计教育研究院由商业设计师和院校资深教授创立，立足数字艺术教育 16 年，出版图书 270 余种，畅销 370 万册，《中文版 Illustrator 基础培训教程》销量超 30 万册，通过海量专业案例、丰富的配套资源、行业操作技巧、核心内容把握、细腻的学习安排，为学习者提供足量的知识、实用的方法、有价值的经验，助力设计师不断成长。为教师提供课程标准、授课计划、教案、PPT、案例、视频、题库、实训项目等一站式教学解决方案。

如何使用本书

Step1 精选基础知识，结合慕课视频快速上手 Illustrator

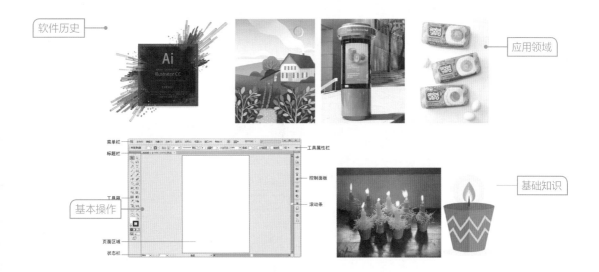

Step2 课堂案例 + 软件功能解析，边做边学软件功能，熟悉设计思路

了解目标和要点

精选典型商业案例

绘图 + 高级绘图 + 图表 + 特效 4 大核心功能

文字 + 视频步骤详解

扫码看扩展案例详细步骤

完成案例后
深入学习软件功能和制作特色

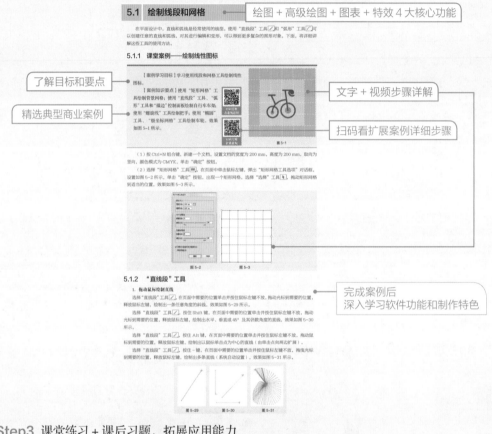

Step3 课堂练习 + 课后习题，拓展应用能力

更多商业案例

扫码看操作视频

训练本章所学知识

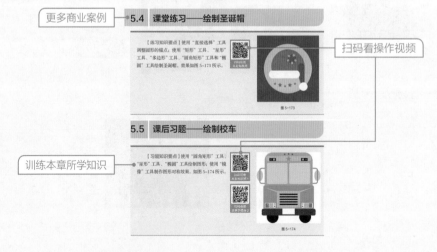

FOREWORD ——————————————— 前 言

Step4 综合实战，结合扩展设计知识，演练真实商业项目制作过程

配套资源及获取方式

- 所有案例的素材及最终效果文件。
- 案例操作视频，扫描书中二维码即可观看。
- 扩展案例，扫描书中二维码，即可查看扩展案例操作步骤。
- 商业案例详细步骤，扫描书中二维码，即可查看第 9 章商业案例详细操作步骤。
- 设计基础知识＋设计应用知识扩展阅读资源。
- 常用工具速查表、常用快捷键速查表。

- 全书 9 章的 PPT 课件。

- 教学大纲。

- 教学教案。

全书配套资源，读者可登录人邮教育社区（www.ryjiaoyu.com），在本书页面中免费下载使用。

全书慕课视频，登录人邮学院网站（www.rymooc.com）或扫描封底上的二维码，使用手机号码完成注册，在首页右上角单击"学习卡"选项，输入封底刮刮卡中的激活码，即可在线观看视频。扫描书中二维码也可以使用手机观看视频。

教学指导

本书的参考学时为 46 学时，其中实训环节为 16 学时，各章的参考学时参见下面的学时分配表。

章	课程内容	学时分配	
		讲授	实训
第 1 章	初识 Illustrator	1	
第 2 章	Illustrator 基础知识	2	
第 3 章	常用工具	4	2
第 4 章	图层与蒙版	3	2
第 5 章	绘图	3	2
第 6 章	高级绘图	4	2
第 7 章	图表	3	2
第 8 章	特效	4	2
第 9 章	商业案例	6	4
学 时 总 计		30	16

本书约定

本书案例素材所在位置：章号 / 素材 / 案例名，如 Ch05/ 素材 / 绘制天气图标。

本书案例效果文件所在位置：章号 / 效果 / 案例名，如 Ch05/ 效果 / 绘制天气图标 .ai。

本书中关于颜色设置的表述，如蓝色（100、100、0、0），括号中的数字分别为其 C、M、Y、K 的值。

本书由首都师范大学美术学院潘强编著。由于作者水平有限，书中难免存在错误和不妥之处，敬请广大读者批评指正。

编　者

2019 年 5 月

Illustrator

CONTENTS ———————————— 目录

—01— —02—

第 1 章　初识 Illustrator

第 2 章　Illustrator 基础知识

─03─

第3章　常用工具

CONTENTS ——————————————— 目 录

—04—

第 4 章 图层与蒙版

—05—

第 5 章 绘图

— 06 —

第 6 章　高级绘图

CONTENTS ——————————————————— 目录

—07— —08—

第7章 图表

第8章 特效

Illustrator

—09—

第 9 章　商业案例

01

第1章

初识 Illustrator

▶ **本章介绍**

在学习 Illustrator 软件的具体用法之前，我们首先来了解 Illustrator，包含 Illustrator 概述、Illustrator 的历史和应用领域，只有认识了 Illustrator 的软件特点和功能特色，才能更有效率地学习和运用 Illustrator，从而为我们的工作和学习带来便利。

学习目标

● 了解 Illustrator 概述

● 了解 Illustrator 的历史

● 掌握 Illustrator 的应用领域

慕课视频

初识
Illustrator

1.1 Illustrator 概述

Adobe Illustrator，简称 AI，是美国 Adobe 公司推出的专业矢量图形设计软件。AI 拥有强大的绘制和编辑图形的功能，广泛应用于插图设计、字体设计、广告设计、包装设计、界面设计、VI 设计、动漫设计、产品设计和服装设计等多个领域。深受专业插画师、商业设计师、数字图像艺术家、互联网在线内容制作者的喜爱。

1.2 Illustrator 的历史

Illustrator 的前身只是内部的字体开发和 PostScript 编辑软件，是在 1986 年为苹果公司的麦金塔电脑设计而开发的。1987 年，Adobe 公司推出了 Illustrator 1.1 版本。1988 年，该公司又在 Window 平台上推出了 2.0 版本，至此，Illustrator 才真正起步。之后不断优化，随着版本的升级，Illustrator 的功能也越来越强大。

2003 年，Adobe 整合了公司旗下的设计软件，推出了 Adobe Creative Suit（Adobe 创意套装）简称 Adobe CS，如图 1-1 所示。Illustrator 也命名为 Illustrator CS，维纳斯的头像图标也被更新为一朵艺术化的花朵，增加了创意软件的自然效果。之后陆续推出了 Illustrator CS2、CS3、CS4、CS5，2012 年推出了 Illustrator CS6，如图 1-2 所示。

Adobe Creative Suit（Adobe创意套装），简称Adobe CS

图 1-1

图 1-2

2013 年，Adobe 公司推出了 Adobe Creative Cloud（Adobe 创意云），简称 Adobe CC，Illustrator 也被命名为 Illustrator CC，如图 1-3 所示。2017 年 Illustrator 推出了新版本 Illustrator CC 2018。

Adobe Creative Cloud（Adobe 创意云），简称Adobe CC

Illustrator CC

图 1-3

1.3 Illustrator 的应用领域

1.3.1 插画设计

现代插画艺术发展迅速，已经被广泛应用于互联网、广告、包装、报刊、杂志和纺织品领域。使用 Illustrator 绘制的插画简洁明快、独特新颖，已经成为最流行的插画表现形式，如图 1-4 所示。

图 1-4

1.3.2 字体设计

字体设计随着人类文明的发展而逐步成熟。根据字体设计的创意需求，使用 Illustrator 可以设计制作出多样的字体，通过独特的字体设计将企业或品牌传达给受众，强化企业形象与品牌的诉求力，如图 1-5 所示。

图 1-5

1.3.3 广告设计

广告以多样的形式出现在大众生活中，通过互联网、手机、电视、报纸和户外灯箱等媒介来发布。使用 Illustrator 设计制作的广告具有更强的视觉冲击力，能够更好地传播广告和推广内容，如图 1-6 所示。

图 1-6

1.3.4　包装设计

在书籍装帧设计和产品包装设计中，Illustrator 对图像元素的绘制和处理也至关重要，更可以完成产品包装平面模切图的绘制，是设计产品包装的必备利器，如图 1-7 所示。

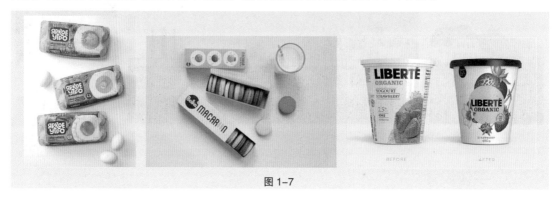

图 1-7

1.3.5　界面设计

随着互联网的普及，界面设计已经成为一个重要的设计领域，Illustrator 的应用就显得尤为重要了。它可以美化网页元素、制作各种细腻的质感和特效，已经成为界面设计的重要工具，如图 1-8 所示。

图 1-8

1.3.6　VI 设计

VI 是企业形象设计的整合，Illustrator 可以根据 VI 设计的创意构思，完成整套 VI 设计制作工作。将企业理念、企业文化、企业规范等抽象概念进行充分的表达，以标准化、系统化、统一化的方式塑造良好的企业形象，如图1-9所示。

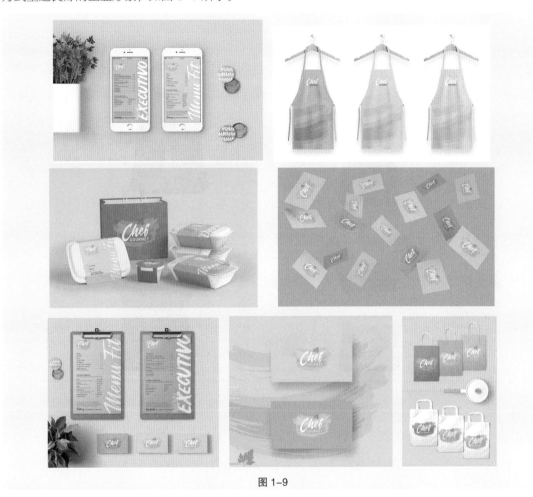

图1-9

1.3.7　动漫设计

　　动漫设计是网络和数字技术发展的产物，动漫作品的创作需要很多的技术支撑，Illustrator 在前期的动画编辑和动画创作中起到了举足轻重的作用，如图1-10所示。

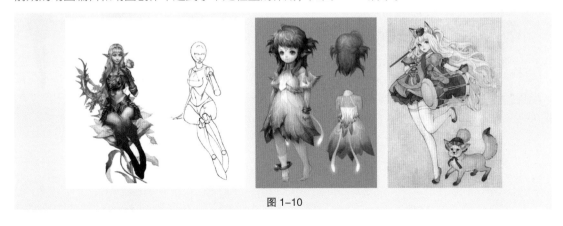

图1-10

1.3.8 产品设计

在产品设计的效果图表现阶段，经常要使用 Illustrator。利用 Illustrator 的强大功能来充分表现出产品功能上的优越性和细节，让设计产品能够赢得顾客青睐，如图 1-11 所示。

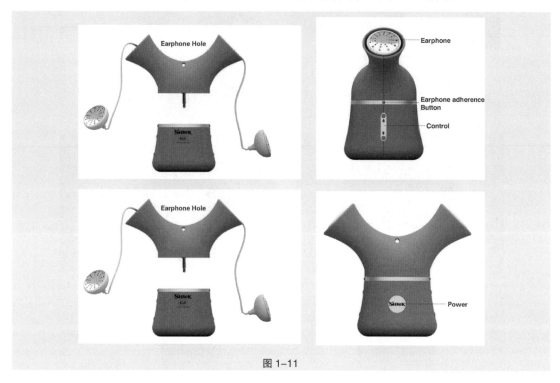

图 1-11

1.3.9 服装设计

随着科学与文明的进步，人类的艺术设计手段也在不断发展，服装艺术表现形式也越来越丰富多彩。利用 Illustrator 绘制的服装设计图，可以让受众领略并感受服装本身的无穷魅力，如图 1-12 所示。

图 1-12

第 2 章

02

Illustrator 基础知识

▶ ## 本章介绍

　　本章将介绍 Illustrator CS6 的工作界面，以及矢量图和位图的概念。此外，还将介绍文件的基本操作和图像的显示效果。通过本章的学习，读者可以掌握 Illustrator CS6 的基本功能，为进一步学习好 Illustrator CS6 打下坚实的基础。

学习目标

● 了解 Illustrator CS6 的工作界面
● 了解矢量图和位图的区别
● 了解显示图像效果的操作技巧

技能目标

● 掌握文件的基本操作方法
● 掌握标尺、参考线和网格的使用方法
● 掌握撤销和恢复对象的操作方法

慕课视频

Illustrator
基础知识

2.1 工作界面

Illustrator CS6 的工作界面主要由菜单栏、标题栏、工具箱、工具属性栏、控制面板、页面区域、滚动条及状态栏等部分组成，如图 2-1 所示。

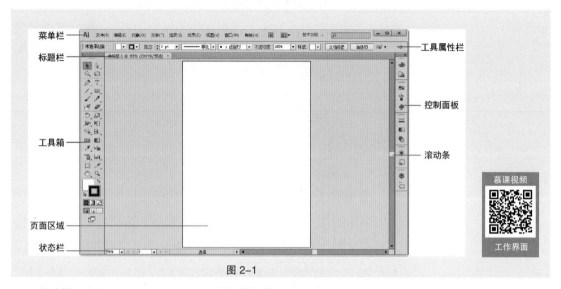

图 2-1

菜单栏：包括 Illustrator CS6 中所有的操作命令，主要有 9 个主菜单，每一个菜单又包括各自的子菜单，通过选择这些命令可以完成基本操作。

标题栏：标题栏左侧是当前运行程序的名称，右侧是控制窗口的按钮。

工具箱：包括 Illustrator CS6 中所有的工具，大部分工具还有其展开式工具栏，其中包括与该工具功能相类似的工具，可以更方便、快捷地进行绘图与编辑。

工具属性栏：当选择工具箱中的一个工具后，会在 Illustrator CS6 的工作界面中出现该工具的属性栏。

控制面板：使用控制面板可以快速调出许多设置数值和调节功能的面板，它是 Illustrator CS6 中最重要的组件之一。控制面板是可以折叠的，可根据需要分离或组合，非常灵活。

页面区域：指在工作界面的中间以黑色实线表示的矩形区域，这个区域的大小就是用户设置的页面大小。

滚动条：当屏幕内不能完全显示出整个文档的时候，通过对滚动条的拖动可以实现对整个文档的全部浏览。

状态栏：显示当前文档视图的显示比例，当前正在使用的工具、时间和日期等信息。

2.1.1 菜单栏及其快捷方式

熟练地使用菜单栏能够快速有效地绘制和编辑图像，达到事半功倍的效果，下面详细讲解菜单栏。

Illustrator CS6 中的菜单栏包含"文件""编辑""对象""文字""选择""效果""视图""窗口"和"帮助"9 个菜单，如图 2-2 所示。每个菜单中又包含相应的子菜单。

文件(F) 编辑(E) 对象(O) 文字(T) 选择(S) 效果(C) 视图(V) 窗口(W) 帮助(H)

图 2-2

每个下拉菜单的左边是命令的名称，在经常使用的命令右边是该命令的组合键。要执行该命令，可以直接按键盘上的组合键，这样可以提高操作速度。例如，"选择 > 全部"命令的组合键为 Ctrl+A。

有些命令的右边有一个黑色的三角形▶，表示该命令还有相应的子菜单，单击三角形▶，即可弹出其子菜单。有些命令的后面有省略号…，表示单击该命令可以弹出相应的对话框，在对话框中可进行更详尽的设置。有些命令呈灰色，表示该命令在当前状态下为不可用，需要选中相应的对象或进行了合适的设置，该命令才会变为黑色，呈可用状态。

2.1.2 工具箱

Illustrator CS6 的工具箱内包括大量具有强大功能的工具，这些工具可以使用户在绘制和编辑图像的过程中制作出更加精彩的效果。工具箱如图 2-3 所示。

工具箱中部分工具按钮的右下角带有一个黑色三角形，表示该工具还有展开工具组，将鼠标指针放在该工具上按住鼠标左键不放，即可弹出展开工具组。例如，将鼠标指针放在"文字"工具 T 上按住鼠标左键不放，将展开"文字"工具组，如图 2-4 所示。单击"文字"工具组右边的黑色三角形，如图 2-5 所示；"文字"工具组就从工具箱中分离出来了，成为一个相对独立的工具栏，如图 2-6 所示。

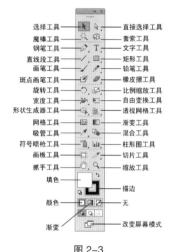

图 2-3

图 2-4　　　　　　图 2-5　　　　　　图 2-6

下面分别介绍各个展开式工具组。

"直接选择"工具组：包括 2 个工具，直接选择工具和编组选择工具，如图 2-7 所示。

"钢笔"工具组：包括 4 个工具，钢笔工具、添加锚点工具、删除锚点工具和转换锚点工具，如图 2-8 所示。

"文字"工具组：包括 6 个工具，文字工具、区域文字工具、路径文字工具、直排文字工具、直排区域文字工具和直排路径文字工具，如图 2-9 所示。

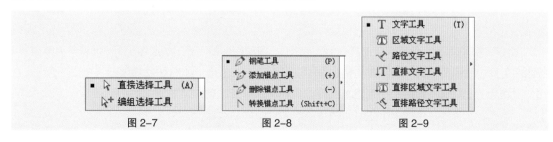

图 2-7　　　　　　图 2-8　　　　　　图 2-9

"直线段"工具组：包括 5 个工具，直线段工具、弧形工具、螺旋线工具、矩形网格工具和极坐标网格工具，如图 2-10 所示。

"矩形"工具组：包括 6 个工具，矩形工具、圆角矩形工具、椭圆工具、多边形工具、星形工具和光晕工具，如图 2-11 所示。

"铅笔"工具组：包括 3 个工具，铅笔工具、平滑工具和路径橡皮擦工具，如图 2-12 所示。

"橡皮擦"工具组：包括 3 个工具，橡皮擦工具、剪刀工具和刻刀，如图 2-13 所示。

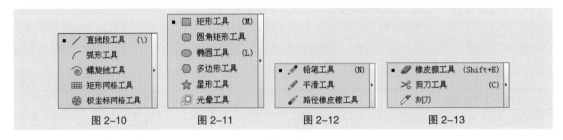

图 2-10　　　　图 2-11　　　　图 2-12　　　　图 2-13

"旋转"工具组：包括 2 个工具，旋转工具和镜像工具，如图 2-14 所示。

"比例缩放"工具组：包括 3 个工具，比例缩放工具、倾斜工具和整形工具，如图 2-15 所示。

"宽度"工具组：包括 8 个工具，宽度工具、变形工具、旋转扭曲工具、缩拢工具、膨胀工具、扇贝工具、晶格化工具和皱褶工具，如图 2-16 所示。

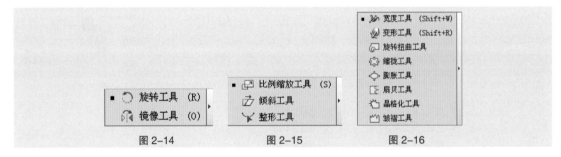

图 2-14　　　　图 2-15　　　　图 2-16

"形状生成器"工具组：包括 3 个工具，形状生成器工具、实时上色工具和实时上色选择工具，如图 2-17 所示。

"透视网格"工具组：包括 2 个工具，透视网格工具和透视选区工具，如图 2-18 所示。

"吸管"工具组：包括 2 个工具，吸管工具和度量工具，如图 2-19 所示。

图 2-17　　　　　　图 2-18　　　　　　图 2-19

"符号喷枪"工具组：包括 8 个工具，符号喷枪工具、符号移位器工具、符号紧缩器工具、符号缩放器工具、符号旋转器工具、符号着色器工具、符号滤色器工具和符号样式器工具，如图 2-20 所示。

"柱形图"工具组：包括 9 个工具，柱形图工具、堆积柱形图工具、条形图工具、堆积条形图工具、折线图工具、面积图工具、散点图工具、饼图工具和雷达图工具，如图 2-21 所示。

"切片"工具组：包括 2 个工具，切片工具和切片选择工具，如图 2-22 所示。

"抓手"工具组：包括 2 个工具，抓手工具和打印拼贴工具，如图 2-23 所示。

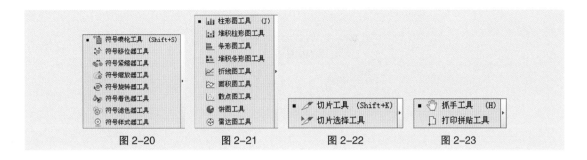

图 2-20　　　　图 2-21　　　　图 2-22　　　　图 2-23

2.1.3　工具属性栏

　　Illustrator CS6 的工具属性栏可以快捷应用与所选对象相关的选项，它根据所选工具和对象的不同来显示不同的选项，包括画笔、描边和样式等多个控制面板的功能。选择路径对象的锚点后，工具属性栏如图 2-24 所示。选择"文字"工具 T 后，工具属性栏如图 2-25 所示。

图 2-24

图 2-25

2.1.4　控制面板

　　Illustrator CS6 的控制面板位于工作界面的右侧，它包括许多实用、快捷的工具和命令。随着 Illustrator CS6 功能的不断增强，控制面板也相应地不断改进使之更加合理，为用户绘制和编辑图像带来了更便捷的体验。控制面板以组的形式出现，图 2-26 所示是其中的一组控制面板。

　　选中"色板"控制面板的标题并按住鼠标左键不放，如图 2-27 所示；向页面中拖动，如图 2-28 所示。拖动到控制面板组外时，释放鼠标左键，将形成独立的控制面板，如图 2-29 所示。

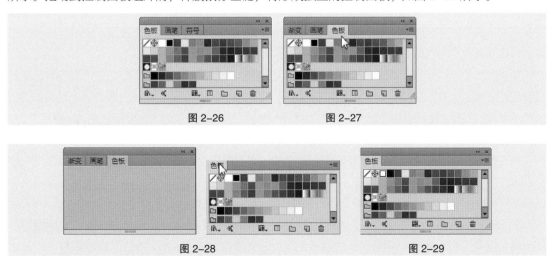

图 2-26　　　　　　　　　　　　图 2-27

图 2-28　　　　　　　　　　　　图 2-29

　　单击控制面板右上角的折叠为图标按钮 ◀◀ 和展开按钮 ▶▶ 来折叠或展开控制面板，效果如图 2-30 所示。单击控制面板右下角的图标 ▦，并按住鼠标左键不放，拖动鼠标可放大或缩小控制面板。

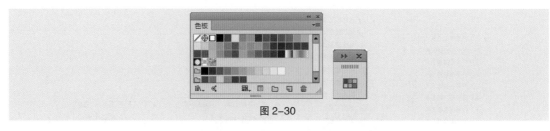

图 2-30

　　绘制图形图像时，经常需要选择不同的选项和数值，可以通过控制面板直接操作。通过选择"窗口"菜单中的各个命令可以显示或隐藏控制面板。这样可省去反复选择命令或关闭窗口的麻烦。控制面板为设置数值和修改命令提供了一个方便、快捷的平台，使软件的交互性更强。

2.1.5　状态栏

　　状态栏在工作界面的最下面，包括 4 个部分。第 1 部分的百分比表示当前文档的显示比例；第 2 部分是画板导航，可在画板间切换；第 3 部分显示当前使用的工具，当前的日期、时间，文件操作的还原次数及文档配置文件等；第 4 部分是右侧滚动条，当绘制的图像过大不能完全显示时，可以通过拖动滚动条浏览整个图像，如图 2-31 所示。

图 2-31

2.2　矢量图和位图

　　在计算机应用系统中，我们会用到位图图像与矢量图形。在 Illustrator CS6 中，不但可以制作出各式各样的矢量图形，还可以导入位图图像进行编辑。

　　位图图像也叫点阵图像，如图 2-32 所示，它是由许多单独的点组成的，这些点又称为像素点，每个像素点都有特定的位置和颜色值，位图图像的显示效果与像素点是紧密联系在一起的，不同排列和着色的像素点在一起就组成了一幅色彩丰富的图像。像素点越多，图像的分辨率越高，相应地，图像的文件量也会随之增大。

　　Illustrator CS6 可以对位图进行编辑，除了可以使用"变形"工具对位图进行变形处理外，还可以通过"复制"工具，在画面上复制出相同的位图，制作更完美的作品。位图图像的优点是制作的图像色彩丰富；不足之处是文件量太大，而且在放大图像时会失真，图像边缘会出现锯齿，模糊不清。

　　矢量图形也叫向量图形，如图 2-33 所示，它是一种基于数学方法的绘图方式。矢量图形中的各种图形元素称为对象，每一个对象都是独立的个体，都具有大小、颜色、形状和轮廓等特性。在移动和改变它们的属性时，可以保持对象原有的清晰度和弯曲度。矢量图形是由一条条直线或曲线构成的，在填充颜色时，会按照指定的颜色沿曲线的轮廓边缘进行着色。

　　矢量图形的优点是文件量较小，其显示效果与分辨率无关，因此缩放图形时，对象会保持原有的清晰度及弯曲度，颜色和外观形状也都不会发生任何偏差和变形，不会产生失真的现象。不足之处是矢量图形不易制作色调丰富的图像，绘制出来的图形无法像位图图像那样精确地描绘各种绚丽的景象。

图 2-32

图 2-33

2.3 文件的基本操作

在开始设计和制作平面设计作品前，需要掌握一些基本的文件操作方法。下面将介绍新建、打开、保存和关闭文件的基本方法。

2.3.1 新建文件

选择"文件 > 新建"命令（组合键为 Ctrl+N），弹出"新建文档"对话框，如图 2-34 所示。设置相应的选项后，单击"确定"按钮，即可建立一个新的文档。

"名称"选项：可以在选项中输入新建文件的名称，默认状态下为"未标题 - 1"。

"配置文件"选项：可以选择不同的配置文件。

"画板数量"选项：可以设置页面中画板的数量。当数量为多页时，右侧的按钮和下方的"间距""列数"选项显示为可编辑状态。

→按钮：画板的排列方法及排列方向。

"间距"选项：可以设置画板之间的间距。

"列数"选项：用于设置画板的列数。

"大小"选项：可以在下拉列表中选择系统预先设置

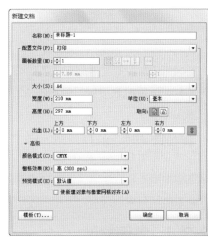
图 2-34

的文件尺寸，也可以在下方的"宽度"和"高度"选项中自定义文件尺寸。

"宽度"和"高度"选项：用于设置文件的宽度和高度的数值。

"单位"选项：设置文件所采用的单位，默认状态下为"毫米"。

"取向"选项：用于设置新建页面竖向或横向排列。

"出血"选项：用于设置页面的出血值。默认状态下，右侧为锁定 ⬛ 状态，可同时设置出血值；单击右侧的按钮，使其处于解锁状态 ⬚，可单独设置出血值。

"颜色模式"选项：用于设置新建文件的颜色模式。

"栅格效果"选项：用于设置文件的栅格效果。

"预览模式"选项：用于设置文件的预览模式。

模板(T)... 按钮：单击弹出"从模板新建"对话框，选择需要的模板来新建文件。

13

2.3.2　打开文件

选择"文件 > 打开"命令（组合键为 Ctrl+O），弹出"打开"对话框，如图 2-35 所示。在"查找范围"选项框中选择要打开的文件，单击"打开"按钮，即可打开选择的文件。

2.3.3　保存文件

当用户第 1 次保存文件时，选择"文件 > 存储"命令（组合键为 Ctrl+S），弹出"存储为"对话框，如图 2-36 所示，在对话框中输入要保存文件的名称，设置保存文件的路径、类型。设置完成后，单击"保存"按钮，即可保存文件。

图 2-35　　　　　　　　　　　　　　　　图 2-36

当用户对图形文件进行了各种编辑操作并保存后，再选择"存储"命令时，将不弹出"存储为"对话框，计算机直接保留最终确认的结果，并覆盖原文件。因此，在未确定要放弃原始文件之前，应慎用此命令。

若既要保留修改过的文件，又不想放弃原文件，则可以用"存储为"命令。选择"文件 > 存储为"命令（组合键为 Shift+Ctrl+S），弹出"存储为"对话框，在这个对话框中，可以为修改过的文件重新命名，并设置文件的路径和类型。设置完成后，单击"保存"按钮，原文件依旧保留不变，修改过的文件被另存为一个新的文件。

2.3.4　关闭文件

选择"文件 > 关闭"命令（组合键为 Ctrl+W），如图 2-37 所示，可将当前文件关闭。"关闭"命令只有当有文件被打开时才呈现为可用状态。

也可单击绘图窗口右上角的按钮![x]来关闭文件，若当前文件被修改过或是新建的文件，那么在关闭文件的时候系统就会弹出一个提示框，如图 2-38 所示。单击"是"按钮即可先保存文件再关闭文件，单击"否"按钮即不保存文件的更改而直接关闭文件，单击"取消"按钮即取消关闭文件操作。

图 2-37　　　　　　　　　　　　　　　　图 2-38

2.4 图像的显示效果

在使用 Illustrator CS6 绘制和编辑图形图像的过程中，用户可以根据需要随时调整图形图像的显示模式和显示比例，以便对所绘制和编辑的图形图像进行观察和操作。

2.4.1 选择视图模式

Illustrator CS6 包括 4 种视图模式，即"预览""轮廓""叠印预览"和"像素预览"，绘制图像的时候，可根据不同的需要选择不同的视图模式。

"预览"模式是系统默认的模式，图像显示效果如图 2-39 所示。

"轮廓"模式隐藏了图像的颜色信息，用线框轮廓来表现图像。这样在绘制图像时有很高的灵活性，可以根据需要，单独查看轮廓线，极大地节省了图像运算的速度，提高了工作效率。"轮廓"模式的图像显示效果如图 2-40 所示。如果当前图像为其他模式，选择"视图 > 轮廓"命令（组合键为 Ctrl+Y），将切换到"轮廓"模式，再选择"视图 > 预览"命令（组合键为 Ctrl+Y），将切换到"预览"模式。

"叠印预览"模式可以显示接近油墨混合的效果，如图 2-41 所示。如果当前图像为其他模式，选择"视图 > 叠印预览"命令（组合键为 Alt+Shift+Ctrl+Y），将切换到"叠印预览"模式。

"像素预览"模式可以将绘制的矢量图像转换为位图显示。这样可以有效控制图像的精度和尺寸等。转换后的图像在放大时会看见排列在一起的像素点，如图 2-42 所示。如果当前图像为其他模式，选择"视图 > 像素预览"命令（组合键为 Alt+Ctrl+Y），将切换到"像素预览"模式。

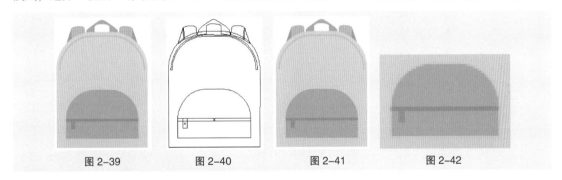

图 2-39   图 2-40   图 2-41   图 2-42

2.4.2 适合窗口大小和实际大小

1. 适合窗口大小显示图像

绘制图像时，可以选择"适合窗口大小"命令来显示图像，这时图像就会最大限度地显示在工作界面中并保持其完整性。

选择"视图 > 画板适合窗口大小"命令（组合键为 Ctrl+0），图像显示的效果如图 2-43 所示。也可以双击"抓手"工具，将图像调整为适合窗口大小显示。

2. 显示图像的实际大小

选择"实际大小"命令可以将图像按 100% 的效果显示，在此状态下可以对文件进行精确的编辑。

选择"视图 > 实际大小"命令（组合键为 Ctrl+1），图像显示的效果如图 2-44 所示。

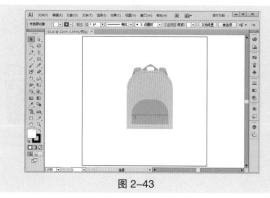

图 2-43 图 2-44

2.4.3 放大显示图像

选择"视图 > 放大"命令（组合键为 Ctrl++），每选择一次"放大"命令，页面内的图像就会被放大一级。例如，图像以 100% 的比例显示在屏幕上，选择"放大"命令一次，则变成 150%，再选择一次，则变成 200%，放大的效果如图 2-45 所示。

使用"缩放"工具也可放大显示图像。选择"缩放"工具 🔍，在页面中光标会自动变为放大镜 🔍 图标，每单击一下，图像就会放大一级。例如，图像以 100% 的比例显示在屏幕上，单击一下，则变成 150%，放大的效果如图 2-46 所示。

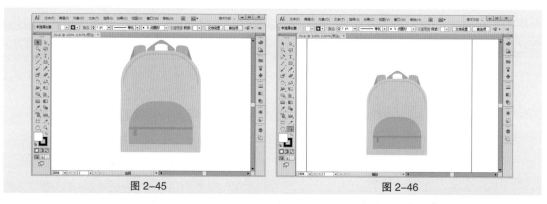

图 2-45 图 2-46

若要对图像的局部区域放大，先选择"缩放"工具 🔍，在页面中鼠标指针会自动变为放大镜 🔍 图标，将该图标定位在要放大的区域外，按住鼠标左键不放并拖动鼠标，用 🔍 图标画出的矩形框圈选所需区域，如图 2-47 所示；然后释放鼠标左键，这个区域就会放大显示并填满图像窗口，如图 2-48 所示。

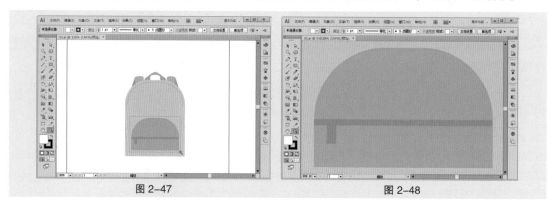

图 2-47 图 2-48

提示: 如果当前正在使用其他工具，要切换到"缩放"工具，按住 Ctrl+Space（空格）组合键即可。

使用状态栏也可放大显示图像。在状态栏中的百分比数值框 100% 中直接输入需要放大的百分比数值，按 Enter 键即可执行放大操作。

还可使用"导航器"控制面板放大显示图像。单击面板右下角的"放大"按钮，可逐级地放大图像。拖拉三角形滑块可以将图像自由放大。在左下角百分比数值框中直接输入数值后，按 Enter 键也可以将图像放大，如图 2-49 所示。

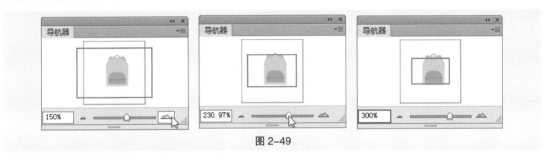

图 2-49

2.4.4 缩小显示图像

选择"视图 > 缩小"命令，每选择一次"缩小"命令，页面内的图像就会缩小一级（也可连续按 Ctrl+ − 组合键），效果如图 2-50 所示。

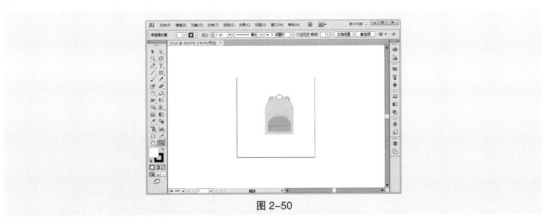

图 2-50

使用"缩小"工具缩小显示图像。选择"缩放"工具，在页面中鼠标指针会自动变为放大镜图标，按住 Alt 键，则屏幕上的图标变为"缩小"工具图标。按住 Alt 键不放，单击图像一次，图像就会缩小显示一级。

提示: 在使用其他工具时，若想切换到"缩小"工具，按住 Alt+Ctrl+Space（空格）组合键即可。

使用状态栏命令也可缩小显示图像。在状态栏中的百分比数值框 100% 中直接输入需要缩小的百分比数值，按 Enter 键即可执行缩小操作。

还可使用"导航器"控制面板缩小显示图像。单击面板左下角较小的三角图标，可逐级地缩

小图像，拖拉三角形滑块可以任意将图像缩小。在左下角百分比数值框中直接输入数值后，按 Enter
键也可以将图像缩小。

2.4.5 全屏显示图像

全屏显示图像可以更好地观察图像的完整效果。全屏显示图像有以下几种方法。

单击工具箱下方的屏幕模式转换按钮，可以在 3 种模式之间相互转换，即正常屏幕模式、带有
菜单栏的全屏模式和全屏模式。反复按 F 键，也可切换屏幕显示模式。

正常屏幕模式：如图 2-51 所示，这种屏幕显示模式包括菜单栏、标题栏、工具箱、工具属性栏、
控制面板和状态栏。

带有菜单栏的全屏模式：如图 2-52 所示，这种屏幕显示模式包括菜单栏、工具箱、工具属性栏
和控制面板。

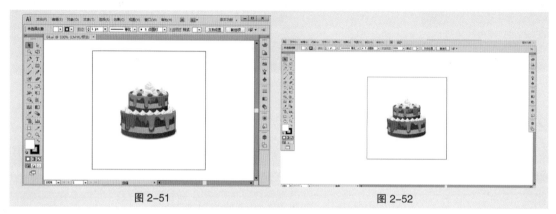

图 2-51   图 2-52

全屏模式：如图 2-53 所示，这种屏幕显示模式只显示页面。按 Tab 键，可以调出菜单栏、工具箱、
工具属性栏和控制面板，如图 2-52 所示。

图 2-53

2.4.6 图像窗口显示

当用户打开多个文件时，屏幕会出现多个图像文件窗口，这就需要对窗口进行布置和摆放。

同时打开多幅图像，效果如图 2-54 所示。选择"窗口 > 排列 > 全部在窗口中浮动"命令，图
像都浮动排列在界面中，如图 2-55 所示。此时，可对图像进行层叠、平铺的操作。选择"合并所有
窗口"命令，可将所有图像再次合并到选项卡中。

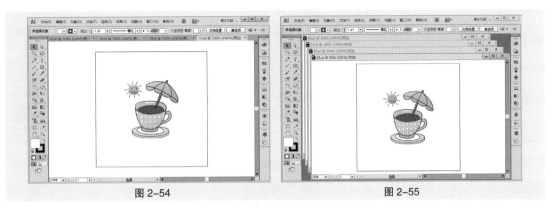

图 2-54 图 2-55

选择"窗口 > 排列 > 平铺"命令,图像的排列效果如图 2-56 所示。选择"窗口 > 排列 > 层叠"命令,图像的排列效果如图 2-57 所示。

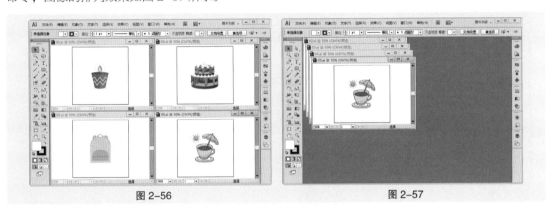

图 2-56 图 2-57

2.4.7 观察放大图像

选择"缩放"工具 🔍,当页面中的光标变为放大镜 🔍 图标后,放大图像,图像周围会出现滚动条。选择"抓手"工具 🖐,当图像中光标变为手形时,按住鼠标左键在放大的图像中拖动鼠标,可以观察图像的每个部分,如图 2-58 所示。还可直接用鼠标拖动图像周围的垂直和水平滚动条,观察图像的每个部分,效果如图 2-59 所示。

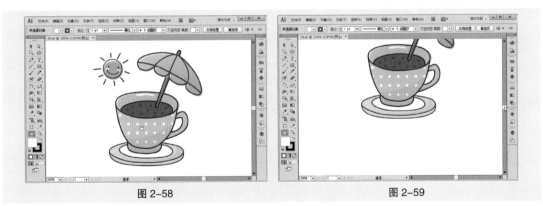

图 2-58 图 2-59

提示: 如果正在使用其他工具进行操作,按住 Space(空格)键,可以转换为"抓手"工具。

2.5 标尺、参考线和网格的使用

Illustrator CS6 提供了"标尺""参考线"和"网格"等工具，利用这些工具可以帮助用户对所绘制和编辑的图形图像精确定位，还可测量图形图像的准确尺寸。

2.5.1 标尺

选择"视图 > 标尺 > 显示标尺"命令（组合键为 Ctrl+R），显示出标尺，效果如图 2-60 所示。如果要将标尺隐藏，可以选择"视图 > 标尺 > 隐藏标尺"命令（组合键为 Ctrl+R），将标尺隐藏。

如果需要设置标尺的显示单位，可以选择"编辑 > 首选项 > 单位"命令，弹出"首选项"对话框，如图 2-61 所示，在"常规"选项的下拉列表中即可设置标尺的显示单位。

图 2-60

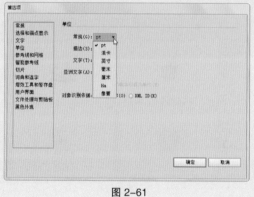

图 2-61

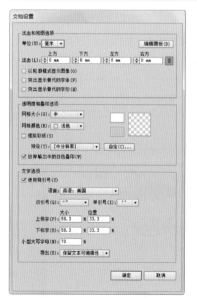

图 2-62

如果仅需要对当前文件设置标尺的显示单位，则选择"文件 > 文档设置"命令，弹出"文档设置"对话框，如图 2-62 所示，可以在"单位"选项的下拉列表中设置标尺的显示单位。用这种方法设置的标尺显示单位对以后新建立的文件标尺显示单位不起作用。

在系统默认的状态下，标尺的坐标原点在工作页面的左下角，如果想要更改坐标原点的位置，将鼠标光标定位到水平标尺与垂直标尺的交点上并按住鼠标左键不放将其拖动到页面中，再释放鼠标左键，即可将坐标原点设置在此处。如果想要恢复标尺坐标原点的默认位置，双击水平标尺与垂直标尺的交点即可。

2.5.2 参考线

如果想要添加参考线，可以用鼠标在水平或垂直标尺上向页面中拖动参考线；可以在标尺的特定位置双击创建参考线；还可根据需要将图形或路径转换为参考线。选中要转换的路径，如图 2-63 所示，选择"视图 > 参考线 > 建立参考线"命令，将选中的路径转换为参考线，如图 2-64 所示。选择"视图 > 参考线 > 释放参考线"命令，可以将选中的参考线转换为路径。

慕课视频

标尺、参考线和网格的使用

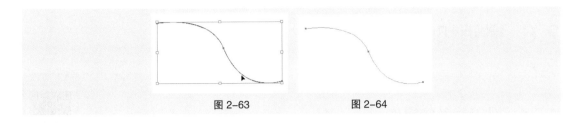

图 2-63 图 2-64

技巧： 按住 Shift 键在标尺上双击，创建的参考线会自动与标尺上最接近的刻度对齐。

选择"视图 > 参考线 > 锁定参考线"命令，可以将参考线进行锁定。选择"视图 > 参考线 > 隐藏参考线"命令，可以将参考线隐藏。选择"视图 > 参考线 > 清除参考线"命令，可以清除参考线。

选择"视图 > 智能参考线"命令，可以显示智能参考线。当图形移动或旋转到一定角度时，智能参考线就会高亮显示并给出提示信息。

2.5.3 网格

选择"视图 > 显示网格"命令即可显示出网格，如图 2-65 所示。选择"视图 > 隐藏网格"命令，将网格隐藏。如果需要设置网格的颜色、样式、间隔等属性，选择"编辑 > 首选项 > 参考线和网格"命令，弹出"首选项"对话框，如图 2-66 所示。

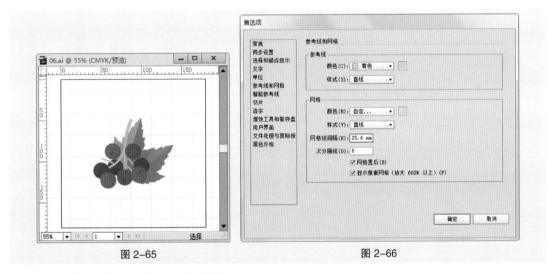

图 2-65 图 2-66

"颜色"选项：用于设置网格的颜色。

"样式"选项：用于设置网格的样式，包括直线和点线。

"网格线间隔"选项：用于设置网格线的间距。

"次分隔线"选项：用于设置网格间再细分成多少的数量。

"网格置后"复选框：用于设置网格线显示在图形的上方或下方。

"显示像素网格（放大 600% 以上）"复选框：用于在"像素预览"模式下，当图形放大到 600% 以上时，查看像素网格。

在进行设计的过程中，可能会出现错误的操作，下面介绍撤销和恢复对象的操作。

2.6.1 撤销对象的操作

选择"编辑 > 还原"命令（组合键为 Ctrl+Z），可以还原上一次的操作。连续按
Ctrl+Z 组合键，可以连续还原原来的操作。

2.6.2 恢复对象的操作

选择"编辑 > 重做"命令（组合键为 Shift+Ctrl+Z），可以恢复上一次的操作。连续按两次
Shift+Ctrl+Z 组合键，即恢复两步操作。

第 3 章

03

常用工具

▶ **本章介绍**

　　本章将讲解 Illustrator CS6 中"编辑"与"填充"工具的使用方法，以及文本编辑和图文混排功能，通过本章的学习，读者可以利用颜色填充和描边功能，绘制出漂亮的图形效果，还可以通过字符和段落控制面板、各种外观和样式属性制作出绚丽多彩的文本效果。

学习目标

- 掌握"选择"工具组的使用方法
- 掌握"变换"工具编辑对象的技巧
- 掌握不同的填充方法和技巧
- 掌握不同类型文字的输入和编辑技巧

技能目标

- 掌握"生活小图标"的组合方法
- 掌握"时尚图案"的拼合方法
- 掌握"山峰插画"的绘制方法
- 掌握"文字海报"的制作方法

慕课视频

常用工具

3.1　"选择" 工具组

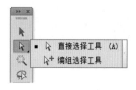

图 3-1

在 Illustrator CS6中，提供了3种选择工具，包括"选择"工具 ，、"直接选择"工具 ，、"编组选择"工具 。它们都位于工具箱的上方，如图 3-1 所示。

编辑一个对象之前，首先要选中这个对象。对象刚建立时一般呈选取状态，对象的周围出现矩形圈选框，矩形圈选框是由 8 个控制手柄组成的，对象的中心有一个" "形的中心标记，对象矩形圈选框的示意如图 3-2 所示。

当选取多个对象时，可以多个对象共有 1 个矩形圈选框，多个对象的选取状态如图 3-3 所示。要取消对象的选取状态，只要在绘图页面上的其他位置单击即可。

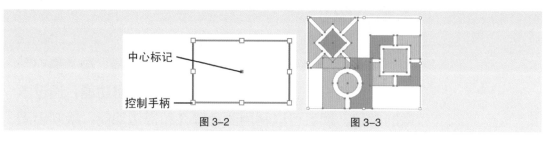

图 3-2　　　　　　　　　　　　　　　图 3-3

3.1.1　课堂案例——组合生活小图标

【案例学习目标】学习使用选择类工具组合生活小图标。

【案例知识要点】使用"选择"工具移动图形；使用"直接选择"工具调整圆角矩形的锚点；使用"编组选择"工具移动编组后的对象。效果如图 3-4 所示。

扫码观看
本案例视频

扫码观看
扩展案例

图 3-4

（1）按 Ctrl+O 组合键，打开素材 01 文件，如图 3-5 所示。

（2）选择"选择"工具 ，将鼠标指针移动到矩形上，指针变为 图标，如图 3-6 所示，单击鼠标左键选取矩形，指针变为 图标，如图 3-7 所示。

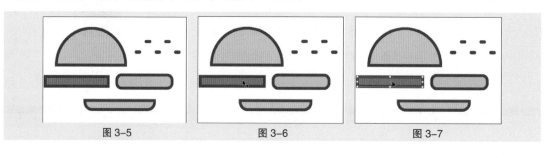

图 3-5　　　　　　　　　　图 3-6　　　　　　　　　　图 3-7

（3）按住鼠标左键并向上拖动矩形到适当的位置，如图 3-8 所示，松开鼠标左键后，如图 3-9 所示。选择"选择"工具 ，单击并选中圆角矩形，如图 3-10 所示。

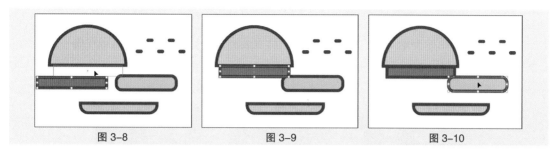

图 3-8　　　　　　　　　图 3-9　　　　　　　　　图 3-10

（4）按住鼠标左键并向左拖动圆角矩形到适当的位置，如图 3-11 所示，松开鼠标左键后，选择"直接选择"工具 ，按住 Shift 键的同时，依次单击选取圆角矩形右侧的锚点，如图 3-12 所示。按 Shift+ →组合键，微移锚点，如图 3-13 所示。

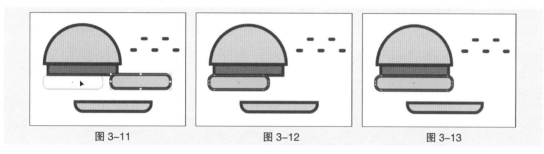

图 3-11　　　　　　　　　图 3-12　　　　　　　　　图 3-13

（5）选择"选择"工具 ，单击并选中上方矩形，如图 3-14 所示。按住 Alt+Shift 组合键的同时，垂直向下拖动矩形到适当的位置，如图 3-15 所示，松开鼠标左键后，复制矩形，如图 3-16 所示。

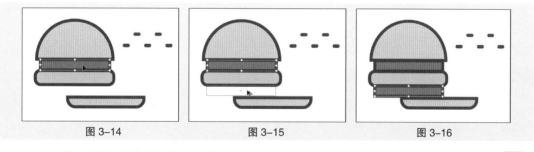

图 3-14　　　　　　　　　图 3-15　　　　　　　　　图 3-16

（6）用相同的方法选中并移动其他图形，效果如图 3-17 所示。选择"编组选择"工具 ，单击并选中圆角矩形，如图 3-18 所示。按住鼠标左键并拖动圆角矩形到适当的位置，松开鼠标左键后，效果如图 3-19 所示。至此，生活小图标组合完成。

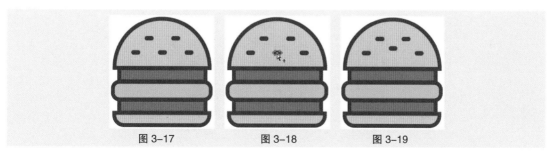

图 3-17　　　　　　　　　图 3-18　　　　　　　　　图 3-19

3.1.2　"选择"工具

"选择"工具可以通过单击路径上的一点或一部分来选择整个路径。

选择"选择"工具 ⊡，当光标移动到对象或路径上时，指针变为"▶.．"，如图 3-20 所示；当光标移动到节点上时，指针变为"▶.□"，如图 3-21 所示；单击鼠标左键即可选取对象，指针变为"▶"，如图 3-22 所示。

图 3-20　　　　　　　　图 3-21　　　　　　　　图 3-22

提示：按住 Shift 键，分别在要选取的对象上单击鼠标左键，即可连续选取多个对象。

选择"选择"工具 ⊡，在绘图页面中要选取的对象外围按住鼠标左键并拖动，出现一个灰色的矩形圈选框，如图 3-23 所示，在矩形圈选框圈选住整个对象后释放鼠标左键，这时，被圈选的对象处于选取状态，如图 3-24 所示。

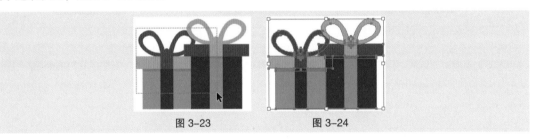

图 3-23　　　　　　　　图 3-24

提示：用圈选的方法可以同时选取一个或多个对象。

3.1.3　"直接选择"工具

使用"直接选择"工具可以选择路径上独立的节点或线段，并显示出路径上的所有方向线以便于调整。

选择"直接选择"工具 ⊡，单击对象可以选取整个对象，如图 3-25 所示。在对象的某个节点上单击，该节点将被选中，如图 3-26 所示。选中该节点不放，向右下角拖动，将改变对象的形状，如图 3-27 所示。

图 3-25　　　　　图 3-26　　　　　图 3-27

> **提示：** 在移动节点的时候，按住 Shift 键，节点可以沿着 45° 角的整数倍方向移动；在移动节点时，按住 Alt 键，可以复制节点，这样就可以得到一段新路径。

3.1.4 "编组选择"工具

"编组选择"工具可以单独选择组合对象中的个别对象，而不改变其他对象的状态。

打开一个组合后的文件，如图 3-28 所示。选择"编组选择"工具 ，单击要移动的对象，如图 3-29 所示，按住鼠标左键不放，向右拖动对象到合适的位置，松开鼠标后，效果如图 3-30 所示，其他的对象并没有变化。

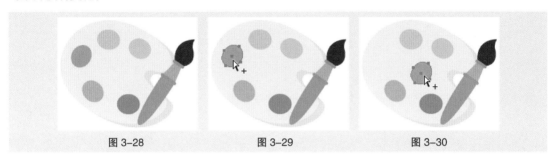

图 3-28　　　　　图 3-29　　　　　图 3-30

3.2 "变换"工具组

Illustrator CC 提供了强大的对象编辑功能，本节中将讲解编辑对象的方法，其中包括对象的旋转、镜像、比例缩放、倾斜等。

3.2.1 课堂案例——拼合时尚图案

【案例学习目标】学习使用变换类工具拼合时尚图案。

【案例知识要点】使用"旋转"工具、"比例缩放"工具和"圆角"命令制作菱形；使用"镜像"工具翻转图形。效果如图 3-31 所示。

扫码观看
本案例视频

扫码观看
扩展案例

图 3-31

（1）按 Ctrl+N 组合键，新建一个文档，设置文档的宽度为 160 mm，高度为 170 mm，取向为竖向，颜色模式为 CMYK，单击"确定"按钮。

（2）选择"矩形"工具 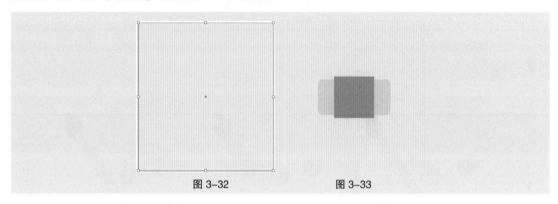，绘制一个与页面大小相等的矩形，设置填充色为浅粉色（0、12、18、0），填充图形，并设置描边色为无，效果如图 3-32 所示。按 Ctrl+2 组合键，锁定所选对象。

（3）按 Ctrl+O 组合键，打开素材 01 文件，选择"选择"工具 ，选取需要的图形，按 Ctrl+C 组合键，复制图形。选择正在编辑的页面，按 Ctrl+V 组合键，将其粘贴到页面中，并拖动复制的图形到适当的位置，效果如图 3-33 所示。

图 3-32   图 3-33

（4）选择"选择"工具 ，选取正方形，双击"旋转"工具 ，弹出"旋转"对话框，选项的设置如图 3-34 所示；单击"确定"按钮，效果如图 3-35 所示。

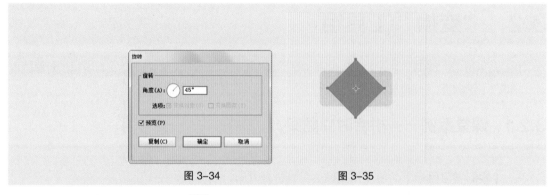

图 3-34   图 3-35

（5）双击"比例缩放"工具 ，弹出"比例缩放"对话框，点选"不等比"单选项，其他选项的设置如图 3-36 所示；单击"确定"按钮，效果如图 3-37 所示。

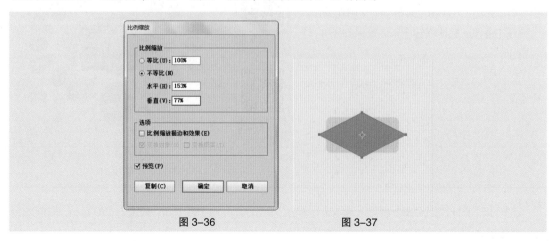

图 3-36   图 3-37

（6）选择"效果 > 风格化 > 圆角"命令，在弹出的对话框中进行设置，如图 3-38 所示，单击"确定"按钮，效果如图 3-39 所示。

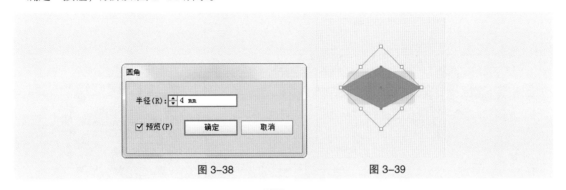

图 3-38　　　　　　　　　　　　　　　图 3-39

（7）选择"01"文件，选择"选择"工具 ，选取需要的图形，按 Ctrl+C 组合键，复制图形。选择正在编辑的页面，按 Ctrl+V 组合键，将其粘贴到页面中，并拖动复制的图形到适当的位置，效果如图 3-40 所示。

（8）双击"镜像"工具 ，弹出"镜像"对话框，选项的设置如图 3-41 所示，单击"复制"按钮，镜像并复制图形；选择"选择"工具 ，按住 Shift 键的同时，水平向右拖动复制图形到适当的位置，效果如图 3-42 所示。

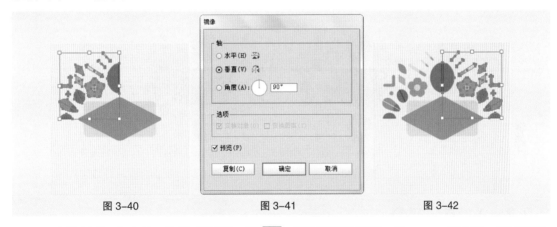

图 3-40　　　　　　　　　　图 3-41　　　　　　　　　　图 3-42

（9）选择"01"文件，选择"选择"工具 ，选取需要的图形，按 Ctrl+C 组合键，复制图形。选择正在编辑的页面，按 Ctrl+V 组合键，将其粘贴到页面中，并拖动复制的图形到适当的位置并调整其大小，效果如图 3-43 所示。用框选的方法选取需要的图形，如图 3-44 所示。

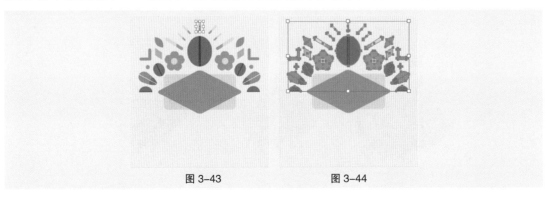

图 3-43　　　　　　　　　　　　　图 3-44

（10）选择"镜像"工具，按住 Alt 键的同时，在菱形的中心位置单击，如图 3-45 所示，弹出"镜像"对话框，选项的设置如图 3-46 所示，单击"复制"按钮，效果如图 3-47 所示。

图 3-45　　　　　　　　　图 3-46　　　　　　　　　图 3-47

（11）选择"01"文件，选择"选择"工具，选取需要的文字和图形，按 Ctrl+C 组合键，复制文字和图形。选择正在编辑的页面，按 Ctrl+V 组合键，将其粘贴到页面中，并拖动复制的文字和图形到适当的位置，效果如图 3-48 所示。取消图形的选取状态，时尚图案拼合完成，效果如图 3-49 所示。

图 3-48　　　　　　　　　图 3-49

3.2.2　"旋转"工具

（1）使用工具箱中的工具旋转对象。使用"选择"工具选取要旋转的对象，将光标移动到旋转控制手柄上，这时的指针变为旋转符号"↰"，效果如图 3-50 所示。单击鼠标左键，拖动鼠标旋转对象，旋转时对象会出现蓝色虚线，指示旋转方向和角度，效果如图 3-51 所示。旋转到需要的角度后释放鼠标左键，旋转对象的效果如图 3-52 所示。

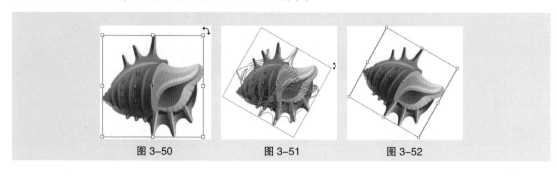

图 3-50　　　　　　　　　图 3-51　　　　　　　　　图 3-52

选取要旋转的对象，选择"旋转"工具 🔄，对象的四周出现控制柄。用鼠标拖动控制柄，就可以旋转对象。对象是围绕旋转中心 ⊙ 来旋转的，Illustrator 默认的旋转中心是对象的中心点。可以通过改变旋转中心来使对象旋转到新的位置，将光标移动到旋转中心上，如图 3-53 所示，单击鼠标左键拖动旋转中心到需要的位置后，拖动光标，如图 3-54 所示，释放鼠标，改变旋转中心后旋转对象的效果如图 3-55 所示。

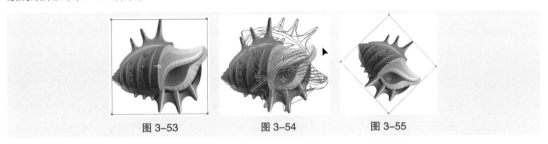

图 3-53　　　　　　图 3-54　　　　　　图 3-55

（2）使用"变换"控制面板旋转对象。选择"窗口 > 变换"命令，弹出"变换"控制面板。"变换"控制面板的使用方法和"移动对象"中的使用方法相同，这里不再赘述。

（3）使用菜单命令旋转对象。选择"对象 > 变换 > 旋转"命令或双击"旋转"工具 🔄，弹出"旋转"对话框，如图 3-56 所示。在对话框中，"角度"选项可以设置对象旋转的角度；勾选"变换对象"复选框，旋转的对象不是图案；勾选"变换图案"复选框，旋转的对象是图案；"复制"按钮用于在原对象上复制一个旋转对象。

图 3-56

3.2.3 "镜像"工具

在 Illustrator CS6 中可以快速而精确地进行镜像操作，以使设计和制作工作更加轻松有效。

（1）使用工具箱中的工具镜像对象。选取要生成镜像的对象，如图 3-57 所示，选择"镜像"工具 🪞，用鼠标拖动对象进行旋转，出现蓝色虚线，如图 3-58 所示，这样可以实现图形的旋转变换，也就是对象绕自身中心的镜像变换，镜像后的效果如图 3-59 所示。

用鼠标在绘图页面上的任意位置单击，可以确定新的镜像轴标志 " ✦ " 的位置，如图 3-60 所示。用鼠标在绘图页面上的任意位置再次单击，则单击产生的点与镜像轴标志的连线就作为镜像变换的镜像轴，对象在与镜像轴对称的地方生成镜像，对象的镜像效果如图 3-61 所示。

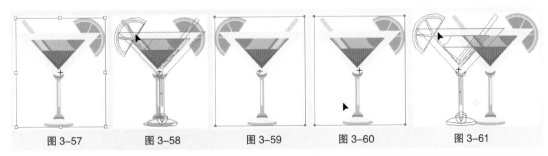

图 3-57　　　　图 3-58　　　　图 3-59　　　　图 3-60　　　　图 3-61

提示：使用"镜像"工具生成镜像对象的过程中，只能使对象本身产生镜像。要在镜像的位置生成一个对象的复制品，方法很简单，在拖动鼠标的同时按住 Alt 键即可。"镜像"工具也可以用于旋转对象。

（2）使用"选择"工具  镜像对象。使用"选择"工具 ，选取要生成镜像的对象，效果如图 3-62 所示。按住鼠标左键直接拖动控制手柄到相对的边，直到出现对象的蓝色虚线，如图 3-63 所示，释放鼠标左键就可以得到不规则的镜像对象，效果如图 3-64 所示。

图 3-62 图 3-63 图 3-64

直接拖动左边或右边中间的控制手柄到相对的边，直到出现对象的蓝色虚线，释放鼠标左键就可以得到原对象的水平镜像。直接拖动上边或下边中间的控制手柄到相对的边，直到出现对象的蓝色虚线，释放鼠标左键就可以得到原对象的垂直镜像。

技巧： 按住 Shift 键，拖动边角上的控制手柄到相对的边，对象会成比例地沿对角线方向生成镜像。按住 Shift+Alt 组合键，拖动边角上的控制手柄到相对的边，对象会成比例地从中心生成镜像。

图 3-65

（3）使用菜单命令镜像对象。选择"对象 > 变换 > 对称"命令，弹出"镜像"对话框，如图 3-65 所示。在"轴"选项组中，选择"水平"单选项可以垂直镜像对象，选择"垂直"单选项可以水平镜像对象，选择"角度"单选项可以输入镜像角度的数值；在"选项"选项组中，选择"变换对象"选项，镜像的对象不是图案；选择"变换图案"选项，镜像的对象是图案；"复制"按钮用于在原对象上复制一个镜像的对象。

3.2.4 "比例缩放"工具

在 Illustrator CS6 中可以快速而精确地按比例缩放对象，使设计工作变得更轻松。下面介绍对象按比例缩放的方法。

（1）使用工具箱中的工具缩放对象。选取要缩放的对象，对象的周围出现控制手柄，如图 3-66 所示。用鼠标拖动需要的控制手柄，如图 3-67 所示，可以缩放对象，效果如图 3-68 所示。

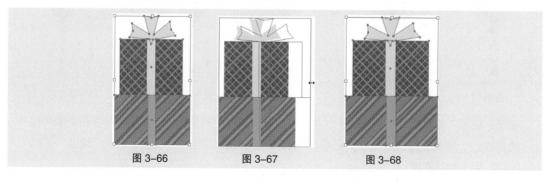

图 3-66 图 3-67 图 3-68

选取要成比例缩放的对象，再选择"比例缩放"工具 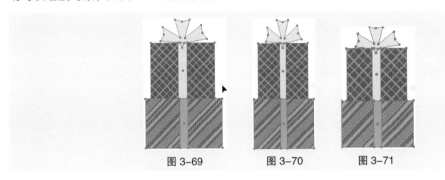，对象的中心出现缩放对象的中心控制点，用鼠标在中心控制点上单击并拖动可以移动中心控制点的位置，如图 3-69 所示。用鼠标在对象上拖动可以缩放对象，如图 3-70 所示。成比例缩放对象的效果如图 3-71 所示。

图 3-69　　　　　图 3-70　　　　　图 3-71

注意: 拖动对角线上的控制手柄时，按住 Shift 键，对象会成比例缩放。按住 Shift+Alt 组合键，对象会成比例地从对象中心缩放。

（2）使用"变换"控制面板成比例缩放对象。选择"窗口 > 变换"命令（组合键为Shift+F8），弹出"变换"控制面板，如图 3-72 所示。在控制面板中，"宽"选项可以设置对象的宽度，"高"选项可以设置对象的高度。改变宽度和高度值，就可以缩放对象。

（3）使用菜单命令缩放对象。选择"对象 > 变换 > 缩放"命令，弹出"比例缩放"对话框，如图 3-73 所示。在对话框中，选择"等比"选项可以调节对象成比例缩放，右侧的文本框可以设置对象成比例缩放的百分比数值。选择"不等比"选项可以调节对象不成比例缩放，"水平"选项可以设置对象在水平方向上的缩放百分比，"垂直"选项可以设置对象在垂直方向上的缩放百分比。

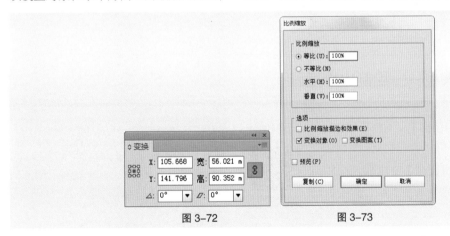

图 3-72　　　　　　　　图 3-73

（4）使用鼠标右键的弹出式命令缩放对象。在选取的要缩放的对象上单击鼠标右键，弹出快捷菜单，选择"对象 > 变换 > 缩放"命令，也可以对对象进行缩放。

注意: 对象的移动、旋转、镜像和倾斜命令的操作也可以使用鼠标右键的弹出式命令来完成。

3.2.5 "倾斜"工具

（1）使用工具箱中的工具倾斜对象。选取要倾斜的对象，效果如图 3-74 所示，选择"倾斜"

工具，对象的四周出现控制手柄，用鼠标拖动控制手柄或对象，倾斜时对象会出现蓝色的虚线指示倾斜变形的方向和角度，效果如图 3-75 所示。倾斜到需要的角度后释放鼠标左键，对象的倾斜效果如图 3-76 所示。

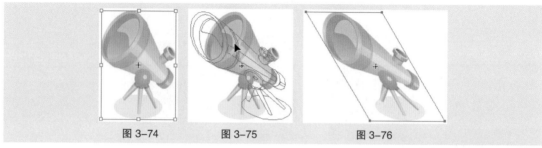

图 3-74   图 3-75   图 3-76

（2）使用"变换"控制面板倾斜对象。选择"窗口 > 变换"命令，弹出"变换"控制面板。"变换"控制面板的使用方法和"移动"中的使用方法相同，这里不再赘述。

（3）使用菜单命令倾斜对象。选择"对象 > 变换 > 倾斜"命令，弹出"倾斜"对话框，如图 3-77 所示。在对话框中，"倾斜角度"选项可以设置对象倾斜的角度。在"轴"选项组中，选择"水平"单选项，对象可以水平倾斜；选择"垂直"单选项，对象可以垂直倾斜；选择"角度"单选项，可以调节倾斜的角度；"复制"按钮用于在原对象上复制一个倾斜的对象。

图 3-77

3.3 "填充"工具组

3.3.1 课堂案例——绘制山峰插画

【案例学习目标】学习使用填充类工具绘制山峰插画。

【案例知识要点】使用颜色控制面板填充图形；使用渐变工具、渐变控制面板填充前山和后山；使用网格工具添加并填充网格。效果如图 3-78 所示。

扫码观看本案例视频

扫码观看扩展案例

图 3-78

（1）按 Ctrl+O 组合键，打开素材 01 文件，如图 3-79 所示。选择"选择"工具，选取背景矩形，选择"窗口 > 颜色"命令，在弹出的"颜色"控制面板中进行设置，如图 3-80 所示，按 Enter 键确定操作，效果如图 3-81 所示。

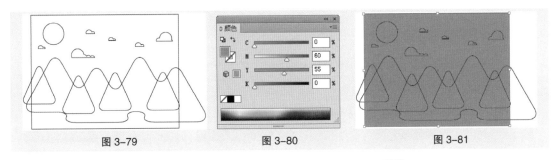

图 3-79   图 3-80   图 3-81

（2）选择"选择"工具 ，选取后山图形，双击"渐变"工具 ，弹出"渐变"控制面板，在色带上设置两个渐变滑块，分别将渐变滑块的位置设为 0、100，并设置 C、M、Y、K 的值分别为 0（0、60、55、0）、100（0、10、20、0），其他选项的设置如图 3-82 所示，图形被填充为渐变色，并设置描边色为无，效果如图 3-83 所示。

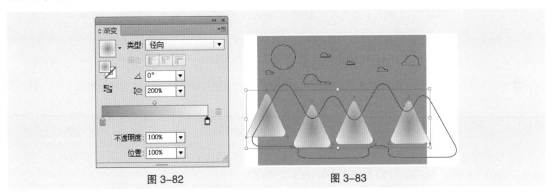

图 3-82   图 3-83

（3）选择"选择"工具 ，选取前山图形，双击"渐变"工具 ，弹出"渐变"控制面板，在色带上设置两个渐变滑块，分别将渐变滑块的位置设为 0、100，并设置 C、M、Y、K 的值分别为 0（0、10、20、0）、100（0、60、55、0），其他选项的设置如图 3-84 所示，图形被填充为渐变色，并设置描边色为无，效果如图 3-85 所示。

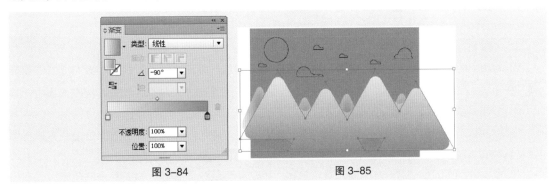

图 3-84   图 3-85

（4）选择"选择"工具 ，按住 Shift 键的同时，依次选取云彩图形，如图 3-86 所示。填充图形为白色；并设置描边色为黄色（0、14、63、0），填充描边，效果如图 3-87 所示。选择"选择"工具 ，选取太阳图形，填充图形为白色，并设置描边色为无，效果如图 3-88 所示。

（5）选择"网格"工具 ，在圆形的中心位置单击，添加网格点，如图 3-89 所示。设置网格点颜色为黄色（0、14、63、0），填充网格，效果如图 3-90 所示。选择"选择"工具 ，在页面空白处单击，取消选取状态，效果如图 3-91 所示。山峰插画绘制完成。

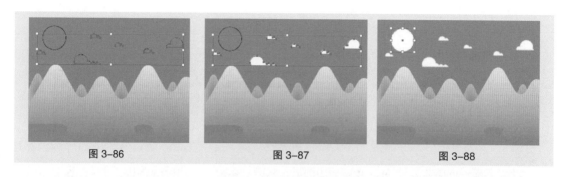

图 3-86　　　　　　　　　　　　图 3-87　　　　　　　　　　　　图 3-88

图 3-89　　　　　　　　　　　　图 3-90　　　　　　　　　　　　图 3-91

3.3.2　颜色填充

Illustrator CS6 用于填充的内容包括"色板"控制面板中的单色对象、图案对象和渐变对象，以及"颜色"控制面板中的自定义颜色。

1. 使用工具箱填充

应用工具箱中的"填色"和"描边"工具，可以指定所选对象的填充颜色和描边颜色。当单击按钮↰（快捷键为 X）时，可以切换填色显示框和描边显示框的位置。按 Shift+X 组合键时，可使选定对象的颜色在填充和描边填充之间切换。

在"填色"和"描边"下面有 3 个按钮▢▢▢，它们分别是"颜色"按钮、"渐变"按钮和"无"按钮。当选择渐变填充时它不能用于图形的描边上。

2. "颜色"控制面板

Illustrator 通过"颜色"控制面板设置对象的填充颜色。单击"颜色"控制面板右上方的图标▾≣，在弹出式菜单中选择当前取色时使用的颜色模式。无论选择哪一种颜色模式，控制面板中都将显示出相关的颜色内容，如图 3-92 所示。

选择"窗口 > 颜色"命令，弹出"颜色"控制面板。"颜色"控制面板上的按钮↰用来进行填充颜色和描边颜色之间的互相切换，操作方法与工具箱中按钮↰的使用方法相同。

将光标移动到取色区域，光标变为吸管形状，单击就可以选取颜色。拖曳各个颜色滑块或在各个数值框中输入有效的数值，可以调配出更精确的颜色，如图 3-93 所示。

更改或设定对象的描边颜色时，单击选取已有的对象，在"颜色"控制面板中切换到描边颜色▣，选取或调配出新颜色，这时新选的颜色被应用到当前选定对象的描边中，如图 3-94 所示。

3. "色板"控制面板

选择"窗口 > 色板"命令，弹出"色板"控制面板，在"色板"控制面板中单击需要的颜色或样本，可以将其选中，如图 3-95 所示。

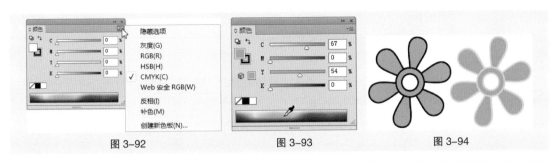

<table>
<tr><td>图 3-92</td><td>图 3-93</td><td>图 3-94</td></tr>
</table>

图 3-92　　　　　　　　　　图 3-93　　　　　　　　　　图 3-94

　　"色板"控制面板提供了多种颜色和图案，并且允许添加并存储自定义的颜色和图案。单击"显示色板类型"菜单按钮 ，可以使所有的样本显示出来；单击"色板选项"按钮 ，可以打开"色板"选项对话框；单击"新建颜色组"按钮 ，可以新建颜色组；"新建色板"按钮 用于定义和新建一个新的样本；"删除色板"按钮 可以将选定的样本从"色板"控制面板中删除。

　　绘制一个图形，单击填色按钮，如图 3-96 所示。选择"窗口 > 色板"命令，弹出"色板"控制面板，在"色板"控制面板中单击需要的颜色或图案，来对图案内部进行填充，效果如图 3-97 所示。

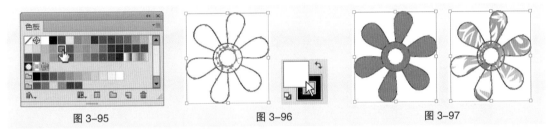

图 3-95　　　　　　　　　　图 3-96　　　　　　　　　　图 3-97

　　选择"窗口 > 色板库"命令，可以调出更多的色板库。引入外部色板库，新增的多个色板库都将显示在同一个"色板"控制面板中。

　　在"色板"控制面板左上角的方块标有斜红杠 ，表示无颜色填充。双击"色板"控制面板中的颜色缩略图 的时候会弹出"色板选项"对话框，可以设置其颜色属性，如图 3-98 所示。

　　单击"色板"控制面板右上方的按钮 ，将弹出下拉菜单，选择菜单中的"新建色板"命令，如图 3-99 所示，可以将选中的某一颜色或样本添加到"色板"控制面板中；单击"新建色板"按钮，也可以添加新的颜色或样本到"色板"控制面板中。

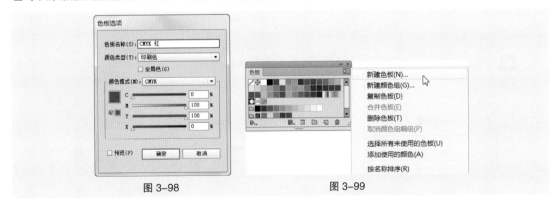

图 3-98　　　　　　　　　　图 3-99

3.3.3　渐变填充

　　渐变填充是指两种或多种不同颜色在同一条直线上逐渐过渡填充。建立渐变填充有多种方法，可以使用"渐变"工具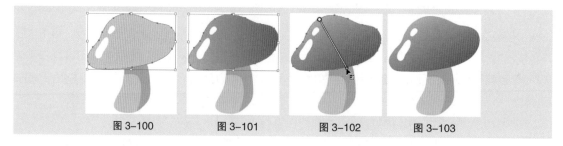，也可以使用"渐变"控制面板和"颜色"控制面板来设置选定对象的渐变颜色，还可以使用"色板"控制面板中的渐变样本。

1. 创建渐变填充

选择绘制好的图形，如图 3-100 所示。单击工具箱下部的"渐变"按钮，对图形进行渐变填充，效果如图 3-101 所示。选择"渐变"工具，在图形需要的位置单击设定渐变的起点并按住鼠标左键拖动，再次单击确定渐变的终点，如图 3-102 所示，渐变填充的效果如图 3-103 所示。

图 3-100　　　　图 3-101　　　　图 3-102　　　　图 3-103

在"色板"控制面板中单击需要的渐变样本，对图形进行渐变填充，效果如图 3-104 所示。

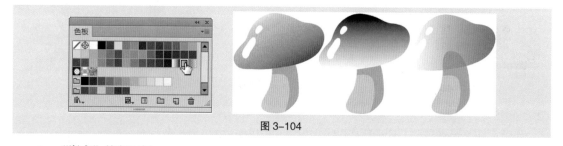

图 3-104

2. "渐变"控制面板

在"渐变"控制面板中可以设置渐变参数，可选择"线性"或"径向"渐变，设置渐变的起始、中间和终止颜色，还可以设置渐变的位置和角度。

选择"窗口 > 渐变"命令，弹出"渐变"控制面板，如图 3-105 所示。从"类型"选项的下拉列表中可以选择"径向"或"线性"渐变方式，如图 3-106 所示。

在"角度"选项的数值框中显示当前的渐变角度，重新输入数值后单击 Enter 键，可以改变渐变的角度，如图 3-107 所示。

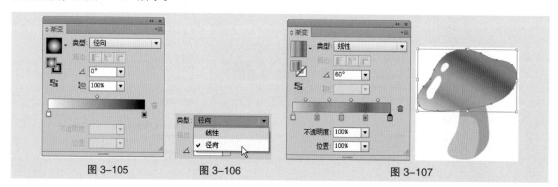

图 3-105　　　　图 3-106　　　　　　　　图 3-107

单击"渐变"控制面板下面的颜色滑块，在"位置"选项的数值框中显示出该滑块在渐变颜色中颜色位置的百分比，如图 3-108 所示，拖动该滑块，改变该颜色的位置，即改变颜色的渐变梯度，如图 3-109 所示。

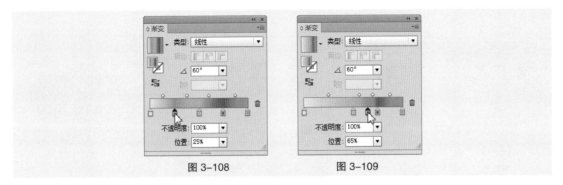

图 3-108   图 3-109

在渐变色谱条底边单击，可以添加一个颜色滑块，如图 3-110 所示。在"颜色"控制面板中调配颜色，如图 3-111 所示，可以改变添加的颜色滑块的颜色，如图 3-112 所示。用鼠标按住颜色滑块不放并将其拖出到"渐变"控制面板外，可以直接删除颜色滑块。

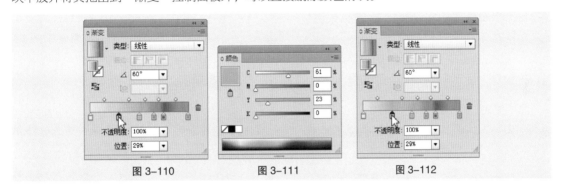

图 3-110   图 3-111   图 3-112

3. 渐变填充的样式

（1）线性渐变填充。线性渐变填充是一种比较常用的渐变填充方式，通过"渐变"控制面板，可以精确地指定线性渐变的起始和终止颜色，还可以调整渐变方向；通过调整中心点的位置，可以生成不同的颜色渐变效果。当需要绘制线性渐变填充图形时，可按以下步骤操作。

选择绘制好的图形，如图 3-113 所示。双击"渐变"工具 ▣ 或选择"窗口 > 渐变"命令（组合键为 Ctrl+F9），弹出"渐变"控制面板。在"渐变"控制面板色谱条中，显示程序默认的白色到黑色的线性渐变样式，如图 3-114 所示。在"渐变"控制面板的"类型"选项的下拉列表中选择"线性"渐变类型，如图 3-115 所示，图形将被线性渐变填充，效果如图 3-116 所示。

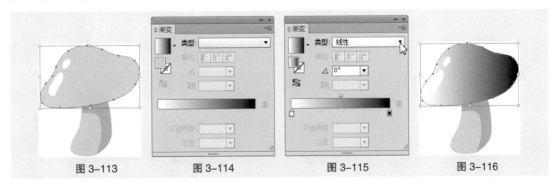

图 3-113   图 3-114   图 3-115   图 3-116

单击"渐变"控制面板中的起始颜色游标 ▢，如图 3-117 所示，然后在"颜色"控制面板中调配所需的颜色，设置渐变的起始颜色。再单击终止颜色游标 ▣，如图 3-118 所示，设置渐变的终止颜色，效果如图 3-119 所示，图形的线性渐变填充效果如图 3-120 所示。

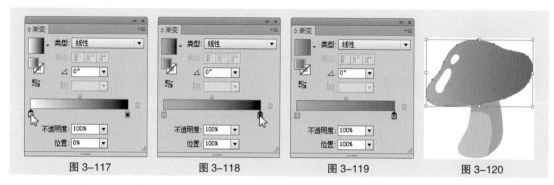

图 3-117　　　　　　图 3-118　　　　　　图 3-119　　　　　　图 3-120

　　拖动色谱条上边的控制滑块，可以改变颜色的渐变位置，如图 3-121 所示。"位置"数值框中的数值也会随之发生变化，设置"位置"数值框中的数值也可以改变颜色的渐变位置，图形的线性渐变填充效果也将改变，如图 3-122 所示。

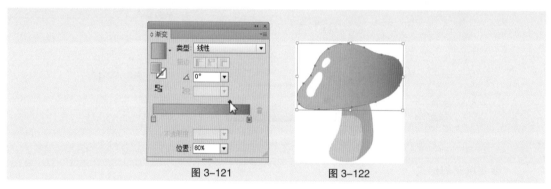

图 3-121　　　　　　　　　　图 3-122

　　如果要改变颜色渐变的方向，可选择"渐变"工具 ，直接在图形中拖动即可。当需要精确地改变渐变方向时，可通过"渐变"控制面板中的"角度"选项来控制图形的渐变方向。

　　（2）径向渐变填充。径向渐变填充是 Illustrator CS6 的另一种渐变填充类型，与线性渐变填充不同，它是从起始颜色以圆的形式向外发散，逐渐过渡到终止颜色。它的起始颜色和终止颜色，以及渐变填充中心点的位置都是可以改变的。使用径向渐变填充可以生成多种渐变填充效果。

　　选择绘制好的图形，如图 3-123 所示。双击"渐变"工具 或选择"窗口 > 渐变"命令（组合键为 Ctrl+F9），弹出"渐变"控制面板。在"渐变"控制面板色谱条中，显示程序默认的白色到黑色的线性渐变样式，如图 3-124 所示。在"渐变"控制面板的"类型"选项的下拉列表中选择"径向"渐变类型，如图 3-125 所示，图形将被径向渐变填充，效果如图 3-126 所示。

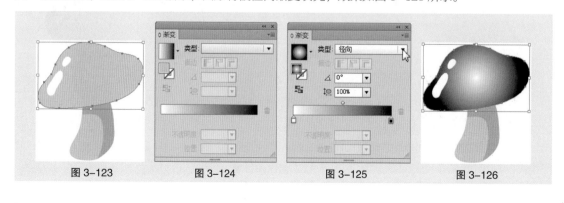

图 3-123　　　　　　图 3-124　　　　　　图 3-125　　　　　　图 3-126

单击"渐变"控制面板中的起始颜色游标💼，或终止颜色游标💼，然后在"颜色"控制面板中调配颜色，即可改变图形的渐变颜色，效果如图 3-127 所示。拖动色谱条上边的控制滑块，可以改变颜色的中心渐变位置，效果如图 3-128 所示。使用"渐变"工具■绘制，可改变径向渐变的中心位置，效果如图 3-129 所示。

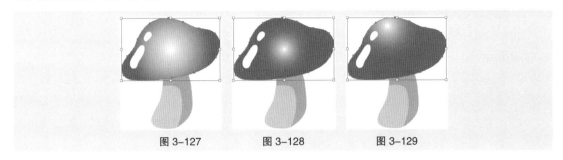

图 3-127　　　　　图 3-128　　　　　图 3-129

3.3.4　网格填充

应用渐变网格功能可以制作出图形颜色细微之处的变化，并且易于控制图形颜色。使用渐变网格可以对图形应用多个方向、多种颜色的渐变填充。

1. 建立渐变网格

"网格"工具可以在图形中形成网格，使图形颜色的变化更加柔和、自然。

（1）使用"网格"工具建立渐变网格。使用"椭圆"工具◯绘制一个椭圆形并保持其被选取状态，如图 3-130 所示。选择"网格"工具▨，在椭圆形中单击，将椭圆形建立为渐变网格对象，在椭圆形中增加了横竖两条线交叉形成的网格，如图 3-131 所示，继续在椭圆形中单击，可以增加新的网格，效果如图 3-132 所示。

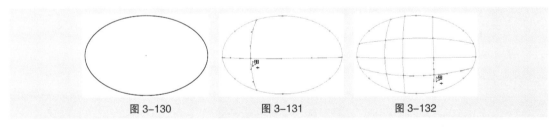

图 3-130　　　　　图 3-131　　　　　图 3-132

在网格中横竖两条线交叉形成的点就是网格点，而横、竖线就是网格线。

（2）使用"创建渐变网格"命令创建渐变网格。使用"椭圆"工具◯绘制一个椭圆形并保持其被选取状态，如图 3-133 所示。选择"对象 > 创建渐变网格"命令，弹出"创建渐变网格"对话框，如图 3-134 所示，设置数值后，单击"确定"按钮，可以为图形创建渐变网格的填充，效果如图 3-135 所示。

图 3-133　　　　　图 3-134　　　　　图 3-135

在"创建渐变网格"对话框中，"行数"选项的数值框中可以输入水平方向网格线的行数；"列数"选项的数值框中可以输入垂直方向网络线的列数；在"外观"选项的下拉列表中可以选择创建渐变网格后图形高光部位的表现方式，有平淡色、至中心、至边缘3种方式可以选择；在"高光"选项的数值框中可以设置高光处的强度，当数值为0时，图形没有高光点，而是均匀的颜色填充。

2. 编辑渐变网格

（1）添加与删除网格点。使用"椭圆"工具 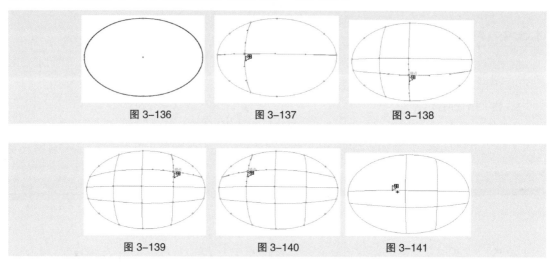，绘制并填充椭圆形，如图3-136所示，选择"网格"工具 在椭圆形中单击，建立渐变网格对象，如图3-137所示，在椭圆形中的其他位置再次单击，可以添加网格点，如图3-138所示，同时添加了网格线。在网格线上再次单击，可以继续添加网格点，如图3-139所示。

使用"网格"工具 或"直接选择"工具 单击选中网格点，如图3-140所示，按住Alt键的同时单击网格点，即可将网格点删除，效果如图3-141所示。

图 3-136	图 3-137	图 3-138
图 3-139	图 3-140	图 3-141

（2）编辑网格颜色。使用"直接选择"工具 单击选中网格点，如图3-142所示，在"色板"控制面板中单击需要的颜色块，如图3-143所示，可以为网格点填充颜色，效果如图3-144所示。

图 3-142	图 3-143	图 3-144

使用"直接选择"工具 单击选中网格，如图3-145所示，在"色板"控制面板中单击需要的颜色块，如图3-146所示，可以为网格填充颜色，效果如图3-147所示。

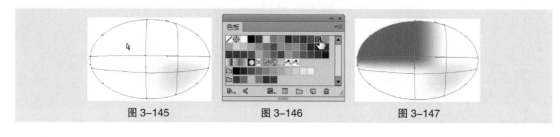

图 3-145	图 3-146	图 3-147

使用"网格"工具  在网格点上单击并按住鼠标左键拖动网格点，可以移动网格点，效果如图 3-148 所示。拖动网格点的控制手柄可以调节网格线，效果如图 3-149 所示。渐变网格的填色效果如图 3-150 所示。

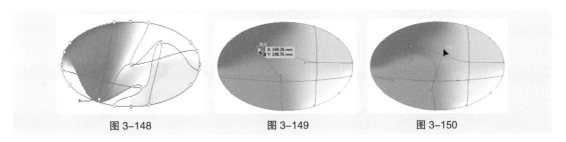

图 3-148   图 3-149   图 3-150

3.3.5 填充描边

描边其实就是对象的描边线，对描边进行填充时，还可以对其进行一定的设置，如更改描边的形状、粗细及设置为虚线描边等。

1. "描边"控制面板

选择"窗口 > 描边"命令（组合键为 Ctrl+F10），弹出"描边"控制面板，如图 3-151 所示。"描边"控制面板主要用来设置对象的描边属性，如粗细、形状等。

在"描边"控制面板中，"粗细"选项设置描边的宽度；"端点"选项组指定描边各线段的首端和尾端的形状样式，有平头端点、圆头端点和方头端点 3 种不同的端点样式；"边角"选项组指定一段描边的拐点，即描边的拐角形状，有 3 种不同的拐角接合形式，分别为斜接连接、圆角连接和斜角连接；"限制"选项设置斜角的长度，它将决定描边沿路径改变方向时伸展的长度；"对齐描边"选项组用于设置描边与路径的对齐方式，分别为使描边居中对齐、使描边内侧对齐和使描边外侧对齐；勾选"虚线"复选框可以创建描边的虚线效果。

图 3-151

2. 设置描边的粗细

当需要设置描边的宽度时，要用到"粗细"选项，可以在其下拉列表中选择合适的粗细，也可以直接输入合适的数值。

单击工具箱下方的描边按钮，使用"星形"工具绘制一个星形并保持其被选取状态，效果如图 3-152 所示。在"描边"控制面板中"粗细"选项的下拉列表中选择需要的描边粗细值，或直接输入合适的数值。本例设置的粗细数值为 30 pt，如图 3-153 所示，星形的描边粗细被改变，效果如图 3-154 所示。

当要更改描边的单位时，可选择"编辑 > 首选项 > 单位"命令，弹出"首选项"对话框，如图 3-155 所示。可以在"描边"选项的下拉列表中选择需要的描边单位。

3. 设置描边的填充

保持星形为被选取的状态，效果如图 3-156 所示。在"色板"控制面板中单击选取所需的填充样本，对象描边的填充效果如图 3-157 所示。

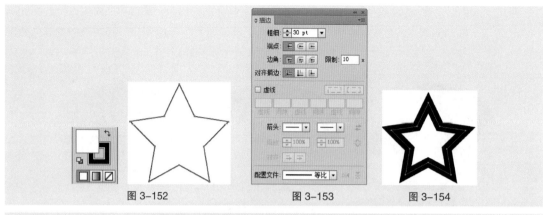

图 3-152　　　　　　　　　图 3-153　　　　　　　　　图 3-154

图 3-155

图 3-156　　　　　　　　　　　图 3-157

提示： 不能使用渐变填充样本对描边进行填充。

　　保持星形被选取的状态，效果如图 3-158 所示。在"颜色"控制面板中调配所需的颜色，如图 3-159 所示，或双击工具箱下方的"描边填充"按钮 ，弹出"拾色器"对话框，如图 3-160 所示。在对话框中可以调配所需的颜色，对象描边的颜色填充效果如图 3-161 所示。

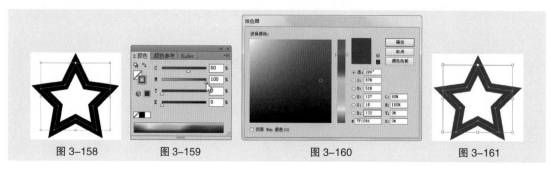

图 3-158　　　　　　图 3-159　　　　　　　　图 3-160　　　　　　　图 3-161

4. 编辑描边的样式

（1）设置"限制"选项。"斜接限制"选项可以设置描边沿路径改变方向时的伸展长度。可以在其下拉列表中选择所需的数值，也可以在数值框中直接输入合适的数值，分别将"限制"选项设置为 2 和 20 时的对象描边，效果如图 3-162 所示。

图 3-162

（2）设置"端点"和"边角"选项。端点是指一段描边的首端和末端，可以为描边的首端和末端选择不同的端点样式来改变描边端点的形状。使用"钢笔"工具绘制一段描边，单击"描边"控制面板中的 3 个不同端点样式的按钮，选定的端点样式会应用到选定的描边中，如图 3-163 所示。

平头端点　　　圆头端点　　　方头端点

图 3-163

边角是指一段描边的拐点，边角样式就是指描边拐角处的形状。该选项有斜接连接、圆角连接和斜角连接 3 种不同的转角接合样式。绘制多边形的描边，单击"描边"控制面板中的 3 个不同转角接合样式按钮，选定的转角接合样式会应用到选定的描边中，如图 3-164 所示。

斜接连接　　　圆角连接　　　斜角连接

图 3-164

（3）设置"虚线"选项。"虚线"选项里包括 6 个数值框，勾选"虚线"复选框，数值框被激活，第 1 个数值框默认的虚线值为 2 pt，如图 3-165 所示。

"虚线"选项用来设定每一段虚线段的长度，数值框中输入的数值越大，虚线的长度就越长；反之，虚线的长度就越短。设置不同虚线长度值的描边效果如图 3-166 所示。

"间隙"选项用来设定虚线段之间的距离，输入的数值越大，虚线段之间的距离就越大；反之，虚线段之间的距离就越小。设置不同虚线间隙的描边效果如图 3-167 所示。

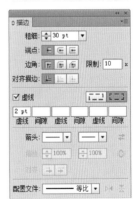

图 3-165

（4）设置"箭头"选项。在"描边"控制面板中有两个可供选择的下拉列表按钮，左侧的是"起点的箭头"，右侧的是"终点的箭头"。选中要添加箭头的曲线，如图 3-168 所示。单击"起始箭头"按钮，弹出"起始箭头"下拉列表框，单击需要的箭头样式，如图 3-169 所示。曲线的起始点会出现选择的箭头，效果如图 3-170 所示。

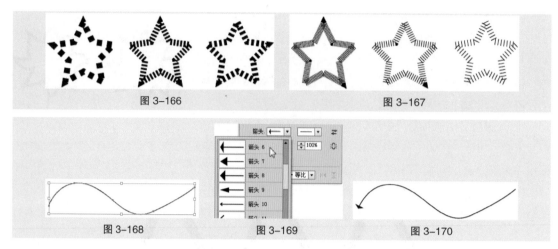

图 3-166   图 3-167

图 3-168   图 3-169   图 3-170

单击"终点的箭头"按钮 ——▼，弹出"终点的箭头"下拉列表框，单击需要的箭头样式，如图 3-171 所示。曲线的终点会出现选择的箭头，效果如图 3-172 所示。

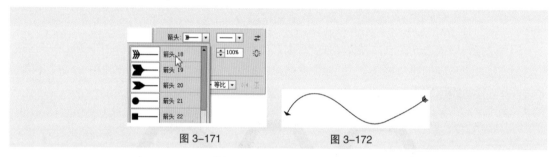

图 3-171   图 3-172

"互换箭头起始处和结束处"按钮 ⇄ 可以互换起始箭头和终点箭头。选中曲线，如图 3-173 所示。在"描边"控制面板中单击"互换箭头起始处和结束处"按钮 ⇄，如图 3-174 所示，效果如图 3-175 所示。

图 3-173   图 3-174   图 3-175

在"缩放"选项中，左侧的是"箭头起始处的缩放因子"按钮 ⇕100%，右侧的是"箭头结束处的缩放因子"按钮 ⇕100%，设置需要的数值，可以缩放曲线的起始箭头和结束箭头的大小。选中要缩放的曲线，如图 3-176 所示。单击"箭头起始处的缩放因子"按钮 ⇕100%，将"箭头起始处的缩放因子"设置为 200，如图 3-177 所示，效果如图 3-178 所示。单击"箭头结束处的缩放因子"按钮 ⇕100%，将"箭头结束处的缩放因子"设置为 200，效果如图 3-179 所示。

单击"缩放"选项右侧的"链接箭头起始处和结束处缩放"按钮 ⊗，可以同时改变起始箭头和结束箭头的大小。

在"对齐"选项中，左侧的是"将箭头提示扩展到路径终点外"按钮 →，右侧的是"将箭头提示放置于路径终点处"按钮 →，这两个按钮分别可以设置箭头在终点以外和箭头在终点处。选中曲线，如图 3-180 所示。单击"将箭头提示扩展到路径终点外"按钮 →，如图 3-181 所示，效果如图 3-182 所示。单击"将箭头提示放置于路径终点处"按钮 →，箭头在终点处显示，效果如图 3-183 所示。

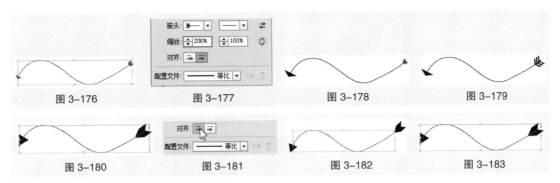

图 3-176　　　　　　　　图 3-177　　　　　　　　图 3-178　　　　　　　　图 3-179

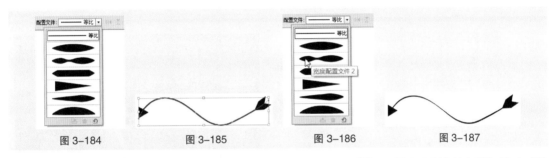

图 3-180　　　　　　　　图 3-181　　　　　　　　图 3-182　　　　　　　　图 3-183

在"配置文件"选项中，单击"变量宽度配置文件"按钮 ————等比▼ ，弹出宽度配置文件下拉列表，如图 3-184 所示。在下拉列表中选中任意一个宽度配置文件可以改变曲线描边的形状。选中曲线，如图 3-185 所示。单击"变量宽度配置文件"按钮 ————等比▼ ，在弹出的下拉列表中选中任意一个宽度配置文件，如图 3-186 所示，效果如图 3-187 所示。

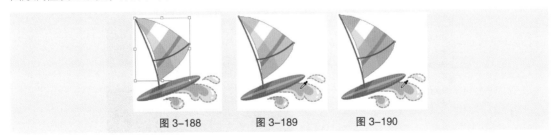

图 3-184　　　　　　　　图 3-185　　　　　　　　图 3-186　　　　　　　　图 3-187

在"配置文件"选项右侧有两个按钮分别是"纵向翻转"按钮 ⊠ 和"横向翻转"按钮 ⊠。选中"纵向翻转"按钮 ⋈，可以改变曲线描边的左右位置；选中"横向翻转"按钮 ⊠，可以改变曲线描边的上下位置。

3.3.6　"吸管"工具

"吸管"工具可以将一个图形对象的外观属性（如描边、填色和字符属性等）复制到另一个图形对象中，可以快速、准确地编辑属性相同的图形对象。

打开一个文件，效果如图 3-188 所示。选择"选择"工具 ▶，选取需要的图形。选择"吸管"工具 ✐，将鼠标指针放在被复制属性的图形上，如图 3-189 所示，单击吸取图形的属性，选取的图形属性发生改变，效果如图 3-190 所示。

图 3-188　　　　　　　　图 3-189　　　　　　　　图 3-190

当使用"吸管"工具 ✐ 吸取对象属性后，按住 Alt 键，吸管会转变方向并显示为实心吸管 ✎，如图 3-191 所示，将实心吸管 ✎ 放置在需要应用的对象上单击，如图 3-192 所示，可以将新吸取的属性应用到其他对象上。

图 3-191　　　　　图 3-192

3.4 "文字"工具组

3.4.1 课堂案例——制作文字海报

【案例学习目标】学习使用"文字"工具、"字符"控制面板制作文字海报。

【案例知识要点】使用"置入"命令置入素材图片；使用"矩形"工具、"直线"工具绘制装饰框；使用"文字"工具、"直排文字"工具和"字符"控制面板添加海报内容；使用"椭圆"工具、"路径文字"工具制作路径文字。效果如图 3-193 所示。

扫码观看
本案例视频

扫码观看
扩展案例

图 3-193

（1）按 Ctrl+N 组合键，新建一个文档，设置文档的宽度为 170 mm，高度为 114 mm，取向为横向，颜色模式为 CMYK，单击"确定"按钮。选择"文件 > 置入"命令，弹出"置入"对话框，选择素材 01 文件，单击"置入"按钮，将图片置入到页面中。在属性中单击"嵌入"按钮，嵌入图片。

（2）选择"窗口 > 对齐"命令，弹出"对齐"控制面板，将对齐方式设为"对齐画板"，如图 3-194 所示。分别单击"水平居中对齐"按钮 和"垂直居中对齐"按钮 ，图片与页面居中对齐，效果如图 3-195 所示。按 Ctrl+2 组合键，锁定所选对象。

图 3-194

图 3-195

（3）选择"矩形"工具 ▢，在适当的位置绘制一个矩形，填充描边为白色，效果如图 3-196 所示。

在属性栏中将"描边粗细"选项设置为 3 pt，按 Enter 键确定操作，效果如图 3-197 所示。

图 3-196   图 3-197

（4）选择"直线段"工具 ，按 Shift 键的同时，在适当的位置绘制一条直线。设置描边色为白色，在属性栏中将"描边粗细"选项设置为 3 pt，按 Enter 键确定操作，效果如图 3-198 所示。

（5）选择"文字"工具 T，在页面中分别输入需要的文字，选择"选择"工具 ，在属性栏中选择合适的字体并设置文字大小，填充文字为白色，效果如图 3-199 所示。

图 3-198   图 3-199

（6）选取文字"设计工作室"，在属性栏中单击"居中对齐"按钮 ，效果如图 3-200 所示。按 Ctrl+T 组合键，弹出"字符"控制面板，将"设置行距"选项 设置为 36 pt，其他选项的设置如图 3-201 所示；按 Enter 键确定操作，效果如图 3-202 所示。

图 3-200   图 3-201   图 3-202

（7）选择"文字"工具 T，选取文字"设计"，在属性栏中选择合适的字体，效果如图 3-203 所示。选择"椭圆"工具 ，按住 Shift 键的同时，在适当的位置绘制一个圆形，效果如图 3-204 所示。

图 3-203   图 3-204

（8）选择"路径文字"工具 ，在圆形路径上单击，插入光标，如图 3-205 所示；输入需要的文字，在属性栏中选择合适的字体并设置适当的文字大小，填充文字为白色，效果如图 3-206 所示。

（9）选择"文字"工具 T，在适当的位置分别输入需要的文字，选择"选择"工具 ，在属性栏中选择合适的字体并设置文字大小，填充文字为白色，效果如图 3-207 所示。

（10）选择"直排文字"工具 IT，在适当的位置分别输入需要的文字，选择"选择"工具 ，在属性栏中选择合适的字体并设置文字大小，填充文字为白色，效果如图 3-208 所示。

图 3-205　　　　　　图 3-206　　　　　　图 3-207　　　　　　图 3-208

（11）选取文字"13 年……一件事"，选择"字符"控制面板，将"设置所选字符的字距调整"选项 VA 设置为 −75，其他选项的设置如图 3-209 所示；按 Enter 键确定操作，效果如图 3-210 所示。在属性栏中单击"右对齐"按钮 ，效果如图 3-211 所示。文字海报制作完成。

图 3-209　　　　　　　图 3-210　　　　　　　图 3-211

3.4.2 "文字"工具

利用"文字"工具 T 或"直排文字"工具 IT 可以直接输入沿水平或垂直方向排列的文本。

1. 输入点文本

选择"文字"工具 T 或"直排文字"工具 IT，在绘图页面中单击鼠标左键，出现插入文本光标，切换到需要的输入法并输入文本，如图 3-212 所示。

结束文字的输入后，单击"选择"工具 即可选中所输入的文字，这时文字周围将出现一个选择框，文本上的细线是文字基线的位置，效果如图 3-213 所示。

> **提示：** 当输入文本需要换行时，按 Enter 键开始新的一行。

2. 输入文本框

使用"文字"工具 T 或"直排文字"工具 IT 可以定制一个文本框，然后在文本框中输入文字。

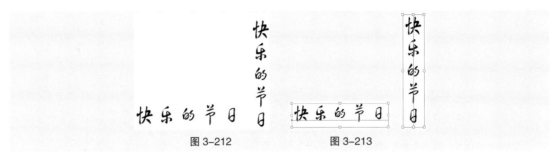

图 3-212　　　　　　　　　图 3-213

选择"文字"工具 T 或"直排文字"工具 IT ，在页面中需要输入文字的位置单击并按住鼠标左键拖动，如图 3-214 所示。当绘制的文本框大小符合需要时，释放鼠标左键，页面上会出现一个蓝色边框的矩形文本框，矩形文本框左上角会出现插入光标，如图 3-215 所示。

可以在矩形文本框中输入文字，输入的文字将在指定的区域内排列，如图 3-216 所示。当输入的文字排到矩形文本框的边界时，文字将自动换行，文本框的效果如图 3-217 所示。

图 3-214　　　　　图 3-215　　　　　图 3-216　　　　　图 3-217

3.4.3　"区域文字"工具

在 Illustrator CS6 中，还可以创建任意形状的文本对象。绘制一个填充颜色的图形对象，如图 3-218 所示。选择"文字"工具 T 或"区域文字"工具 T ，当鼠标指针移动到图形对象的边框上时，指针将变成" I "形状，如图 3-219 所示。在图形对象上单击，图形对象的填色和描边属性被取消，图形对象转换为文本路径，并且在图形对象内出现一个闪烁的插入光标。

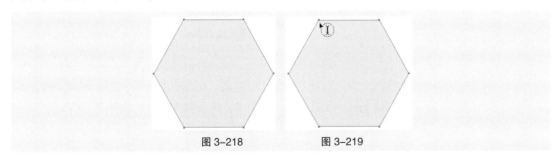

图 3-218　　　　　图 3-219

在插入光标处输入文字，输入的文本会按水平方向在该对象内排列。如果输入的文字超出了文本路径所能容纳的范围，将出现文本溢出的现象，这时文本路径的右下角会出现一个红色" ⊞ "标志的小正方形，效果如图 3-220 所示。

使用"选择"工具 ▶ 选中文本路径，拖动文本路径周围的控制点来调整文本路径的大小，可以显示所有的文字，效果如图 3-221 所示。

使用"直排文字"工具 $\boxed{\text{IT}}$ 或"直排区域文字"工具 $\boxed{\text{ID}}$ 与使用"文字"工具 $\boxed{\text{T}}$ 的方法是一样的，但"直排文字"工具 $\boxed{\text{IT}}$ 或"直排区域文字"工具 $\boxed{\text{ID}}$ 在文本路径中可以创建竖排的文字，如图3-222所示。

图3-220   图3-221   图3-222

3.4.4   "路径文字"工具

使用"路径文字"工具 $\boxed{\text{↘}}$ 和"直排路径文字"工具 $\boxed{\text{↙}}$，可以在创建文本时，让文本沿着一个开放或闭合路径的边缘进行水平或垂直方向的排列，路径可以是规则或不规则的。如果使用这两种工具，原来的路径将不再具有填色或描边的属性。

1. 创建路径文本

（1）沿路径创建水平方向的文本。使用"钢笔"工具 $\boxed{\text{✎}}$，在页面上绘制一个任意形状的开放路径，如图3-223所示。使用"路径文字"工具 $\boxed{\text{↘}}$，在绘制好的路径上单击，路径将转换为文本路径，文本插入点将位于文本路径的左侧，如图3-224所示。

图3-223   图3-224

在光标处输入所需要的文字，文字将会沿着路径排列，文字的基线与路径是平行的，效果如图3-225所示。

图3-225

（2）沿路径创建垂直方向的文本。使用"钢笔"工具 $\boxed{\text{✎}}$，在页面上绘制一个任意形状的开放路径，使用"直排路径文字"工具 $\boxed{\text{↙}}$ 在绘制好的路径上单击，路径将转换为文本路径，文本插入点将位于文本路径的左侧，如图3-226所示。在光标处输入所需要的文字，文字将会沿着路径排列，文字的基线与路径是直排的，效果如图3-227所示。

图3-226   图3-227

2. 编辑路径文本

如果对创建的路径文本不满意，可以对其进行编辑。

选择"选择"工具▶或"直接选择"工具▷，选取要编辑的路径文本。这时在文本开始处会出现一个"I"形的符号，如图 3-228 所示。

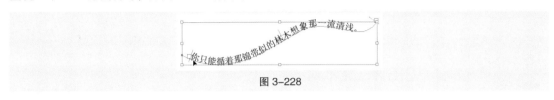

图 3-228

拖动文字中部的"I"形符号，可沿路径移动文本，效果如图 3-229 所示。还可以按住"I"形符号向路径相反的方向拖动，文本会翻转方向，效果如图 3-230 所示。

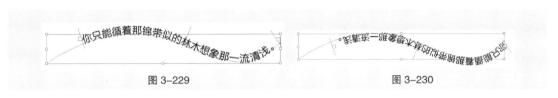

图 3-229   图 3-230

3.5　设置字符格式

在 Illustrator CS6 中，可以设定字符的格式。这些格式包括文字的字体、字号、颜色、字符间距等。

选择"窗口 > 文字 > 字符"命令（组合键为 Ctrl+T ），弹出"字符"控制面板，如图 3-231 所示。

设置字体系列：单击选项文本框右侧的按钮▼，可以从弹出的下拉列表中选择一种需要的字体。

"设置字体大小"选项🇹：用于控制文本的大小，单击数值框左侧的上、下微调按钮，可以逐级调整字号大小的数值。

图 3-231

"设置行距"选项🅰：用于控制文本的行距，定义文本中行与行之间的距离。

"垂直缩放"选项：可以使文字尺寸横向保持不变，纵向被缩放，缩放比例小于 100% 表示文字被压扁，大于 100% 表示文字被拉伸。

"水平缩放"选项：可以使文字的纵向大小保持不变，横向被缩放，缩放比例小于 100% 表示文字被压扁，大于 100% 表示文字被拉伸。

"设置两个字符间的字距微调"选项：用于调整字符之间的水平间距。输入正值时，字距变大，输入负值时，字距变小。

"设置所选字符的字距调整"选项：用于细微地调整字符与字符之间的距离。

"设置基线偏移"选项A：用于调节文字的上下位置。可以通过该设置为文字制作上标或下标。正值表示文字上移，负值表示文字下移。

"字符旋转"选项：用于设置字符的旋转角度。

3.6 设置段落格式

图 3-232

"段落"控制面板提供了文本对齐、段落缩进、段落间距及制表符等设置，可用于处理较长的文本。选择"窗口 > 文字 > 段落"命令（组合键为 Alt+Ctrl+T），弹出"段落"控制面板，如图 3-232 所示。

3.6.1 文本对齐

文本对齐是指所有的文字在段落中按一定的标准有序地排列。Illustrator CS6 提供了 7 种文本对齐的方式，分别是"左对齐"、"居中对齐"、"右对齐"、"两端对齐末行左对齐"、"两端对齐末行居中对齐"、"两端对齐末行右对齐"和"全部两端对齐"。

选中要对齐的段落文本，单击"段落"控制面板中的各个对齐方式按钮，应用不同对齐方式的段落文本效果如图 3-233 所示。

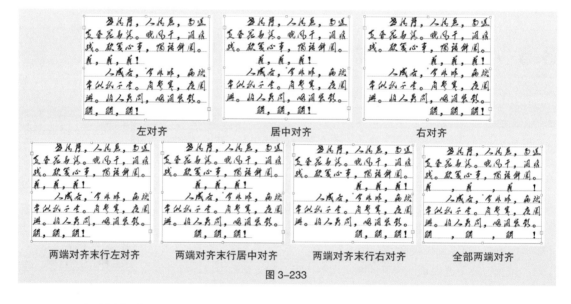

图 3-233

3.6.2 段落缩进

段落缩进是指在一个段落文本开始时需要空出的字符位置。选定的段落文本可以是文本框、区域文本或文本路径。段落缩进有 5 种方式："左缩进"、"右缩进"、"首行左缩进"、"段前间距"和"段后间距"。

选中段落文本，单击"左缩进"图标或"右缩进"图标，在缩进数值框内输入合适的数值。单击"左缩进"图标或"右缩进"图标右边的上下微调按钮，一次可以调整 1pt。在缩进数值框内输入正值，表示文本框和文本之间的距离拉开；输入负值，表示文本框和文本之间的距离缩小。

单击"首行左缩进"图标，在第一行左缩进数值框内输入数值可以设置首行缩进后空出的字符位置。应用"段前间距"图标和"段后间距"图标，可以设置段落间的距离。

选中要缩进的段落文本，单击"段落"控制面板中的各个缩进方式按钮，应用不同缩进方式的段落文本效果如图 3-234 所示。

图 3-234

3.7 课堂练习——绘制小动物

【练习知识要点】使用椭圆工具、矩形工具、钢笔工具、螺旋线工具、路径查找器命令和多边形工具绘制图形；使用镜像命令、旋转命令、倾斜命令复制并调整动物图形。效果如图 3-235 所示。

扫码观看
本案例视频

图 3-235

3.8 课后习题——制作情人节宣传卡

【习题知识要点】使用文字工具和"字符"控制面板添加文字。效果如图 3-236 所示。

扫码观看
本案例视频

图 3-236

第 4 章

图层与蒙版

04

▶ 本章介绍

本章将重点讲解 Illustrator CS6 中图层和蒙版的使用方法。掌握图层和蒙版的功能，可以帮助读者在图形设计中提高效率，快速、准确地设计和制作出精美的平面设计作品。

学习目标

- 了解图层的含义与图层控制面板
- 掌握图层的基本操作方法
- 掌握剪切蒙版的创建和编辑方法
- 掌握不透明度面板的使用方法

技能目标

- 掌握"礼券"的制作方法
- 掌握"时尚杂志封面"的制作方法
- 掌握"旅游海报"的制作方法

慕课视频

图层与蒙版

4.1 图层的使用

在平面设计中，特别是包含复杂图形的设计中，需要在页面上创建多个对象，由于每个对象的大小不一致，小的对象可能隐藏在大的对象下面。这样，选择和查看对象就很不方便。使用图层来管理对象，就可以很好地解决这个问题。图层就像一个文件夹，它可包含多个对象，也可以对图层进行多种编辑。

选择"窗口 > 图层"命令（快捷键为 F7），弹出"图层"控制面板，如图 4-1 所示。

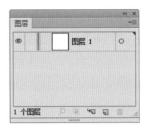

图 4-1

4.1.1 课堂案例——制作礼券

【案例学习目标】学习使用文字工具和图层控制面板制作礼券。

【案例知识要点】使用矩形工具绘制背景效果；使用剪切蒙版命令制作图片的剪切蒙版效果；使用画笔库命令制作印章效果；使用符号库命令添加徽标元素。效果如图 4-2 所示。

图 4-2

1. 制作礼券正面

（1）按 Ctrl+N 组合键，新建一个文档，宽度为 120 mm，高度为 60 mm，取向为横向，颜色模式为 CMYK，单击"确定"按钮。

（2）选择"窗口 > 图层"命令，弹出"图层"控制面板，双击"图层 1"，弹出"图层选项"对话框，选项的设置如图 4-3 所示。单击"确定"按钮，"图层"控制面板显示如图 4-4 所示。

扫码观看
本案例视频 1

扫码观看
扩展案例

图 4-3   图 4-4

（3）选择"矩形"工具 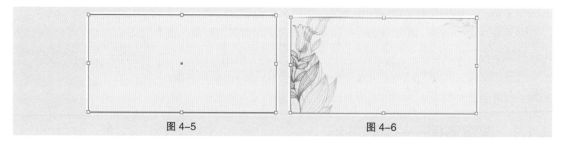，绘制一个与页面大小相等的矩形，设置填充色为浅粉色
（3、5、10、0），填充图形，并设置描边色为无，效果如图 4-5 所示。

（4）选择"文件 > 置入"命令，弹出"置入"对话框，选择素材 01 文件，单击"置入"按钮，
将图片置入页面中。在属性中单击"嵌入"按钮，嵌入图片。选择"选择"工具，拖动图片到适
当的位置，效果如图 4-6 所示。按 Ctrl+A 组合键，全选图形，按 Ctrl+2 组合键，锁定所选对象。

图 4-5　　　　　　　　　　　　图 4-6

（5）选择"文字"工具 ，在页面中输入需要的文字，选择"选择"工具，在属性栏中选择合
适的字体并设置文字大小，设置文字填充色为深棕色（0、50、100、90），填充文字，效果如图 4-7 所示。

图 4-7

（6）选择"矩形"工具，在文字右侧绘制一个矩形，在属性栏中将"描边粗细"选项设置为
0.15 pt，按 Enter 键确定操作，效果如图 4-8 所示，设置描边色为红色（0、100、100、50），填充描边，
效果如图 4-9 所示。

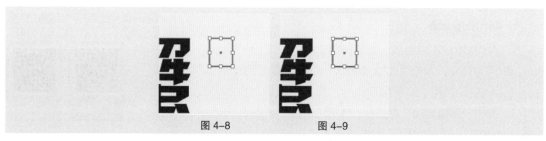

图 4-8　　　　　　　　　　　　图 4-9

（7）选择"窗口 > 画笔库 > 艺术效果 > 艺术效果 _ 粉笔炭笔铅笔"命令，弹出"艺术效果 _ 粉
笔炭笔铅笔"控制面板，选择需要的画笔，如图 4-10 所示，用画笔为图形描边，效果如图 4-11 所示。

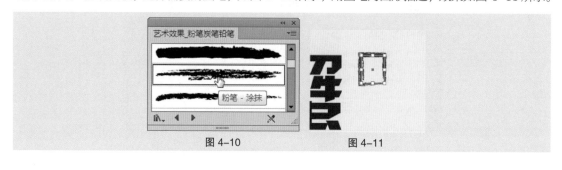

图 4-10　　　　　　　　　　　　图 4-11

（8）选择"文字"工具 $\boxed{T}$ ，在页面中分别输入需要的文字，选择"选择"工具 $\boxed{\uparrow}$ ，在属性栏中选择合适的字体并设置文字大小；将文字填充色和描边色均设置为红色（0、100、100、50），填充文字，在属性栏中将"描边粗细"选项设置为 0.2 pt，按 Enter 键确定操作，效果如图 4-12 所示。

（9）选择"直排文字"工具 $\boxed{\downarrow T}$ ，在页面中输入需要的文字，选择"选择"工具 $\boxed{\uparrow}$ ，在属性栏中选择合适的字体并设置文字大小，填充文字为黑色，效果如图 4-13 所示。

图 4-12　　　　　　图 4-13

（10）选择"文件 > 置入"命令，弹出"置入"对话框，选择素材 02 文件，单击"置入"按钮，将图片置入页面中。在属性中单击"嵌入"按钮，嵌入图片，选择"选择"工具 $\boxed{\uparrow}$ ，拖动图片到适当的位置，并调整其大小，效果如图 4-14 所示。

（11）选择"文字"工具 $\boxed{T}$ ，在页面中分别输入需要的文字，选择"选择"工具 $\boxed{\uparrow}$ ，在属性栏中选择合适的字体并设置文字大小，填充文字为黑色，效果如图 4-15 所示。

图 4-14　　　　　　　　　图 4-15

（12）选择"椭圆"工具 $\boxed{\bigcirc}$ ，按住 Shift 键的同时，在适当的位置绘制一个圆形，填充描边为黑色，并在属性栏中将"描边粗细"选项设置为 0.5 pt，按 Enter 键确定操作，效果如图 4-16 所示。

（13）选择"选择"工具 $\boxed{\uparrow}$ ，按住 Alt+Shift 键的同时，水平向右拖动圆形到适当的位置，复制圆形，效果如图 4-17 所示，连续按 Ctrl+D 组合键，复制出多个需要的图形，并调整其位置，效果如图 4-18 所示。

图 4-16　　　　　　　　　图 4-17

（14）选择"文字"工具 $\boxed{T}$ ，在适当的位置分别输入需要的文字，选择"选择"工具 $\boxed{\uparrow}$ ，在属性栏中选择合适的字体并设置文字大小，然后调整其位置，如图 4-19 所示。

2．制作礼券背面

（1）单击"图层"控制面板下方的"创建新图层"按钮 $\boxed{\square}$ ，生成新的图层并将其命名为"背面"，如图 4-20 所示。单击"正面"图层左侧的眼睛图标 ，将"正面"图层隐藏，如图 4-21 所示。

扫码观看
本案例视频 2

图 4-18　　　　　　　　　　　　　　　　　图 4-19

图 4-20　　　　　　　　　　　　　　　图 4-21

（2）选择"矩形"工具 ，绘制一个与页面大小相等的矩形，设置填充色为浅粉色（3、5、10、0），填充图形，并设置描边色为无，效果如图 4-22 所示。

（3）按 Ctrl+O 组合键，打开素材 03 文件，选择"选择"工具 ，选取需要的图形，按 Ctrl+C 组合键，复制图形。选择正在编辑的页面，按 Ctrl+V 组合键，将其粘贴到页面中，拖动复制的图形到适当的位置，并调整其大小，效果如图 4-23 所示。

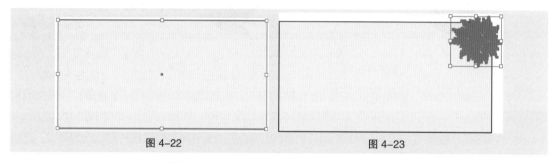

图 4-22　　　　　　　　　　　　　　　图 4-23

（4）双击"渐变"工具 ，弹出"渐变"控制面板，在"位置"选项中分别输入 0、39、70、100 四个位置点，分别设置四个位置点颜色的 CMYK 值为 0（0、0、100、0）、39（0、100、0、0）、70（0、100、100、0）、100（0、65、100、0），其他选项的设置如图 4-24 所示，图形被填充渐变色，效果如图 4-25 所示。在属性栏中将"不透明度"选项设置为 60%，按 Enter 键确定操作，效果如图 4-26 所示。

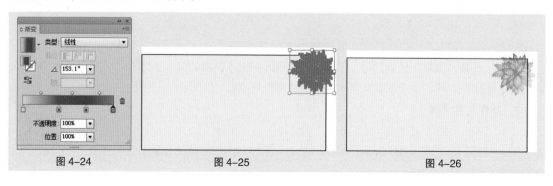

图 4-24　　　　　　　　　　图 4-25　　　　　　　　　　图 4-26

（5）选择"选择"工具 ，选取下方矩形，按 Ctrl+C 组合键，复制图形，按 Shift+Ctrl+V 组合键，就地粘贴图形，如图 4-27 所示。按住 Shift 键的同时，单击渐变图形将其同时选取，按 Ctrl+7 组合键，建立剪切蒙版，效果如图 4-28 所示。按 Ctrl+A 组合键，全选图形，按 Ctrl+2 组合键，锁定所选对象。

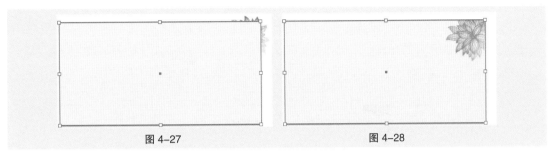

图 4-27　　　　　　　　　　　　图 4-28

（6）选择"窗口 > 符号库 > 徽标元素"命令，弹出"徽标元素"控制面板，选择需要的符号，如图 4-29 所示，拖动符号到适当的位置并调整其大小，效果如图 4-30 所示。

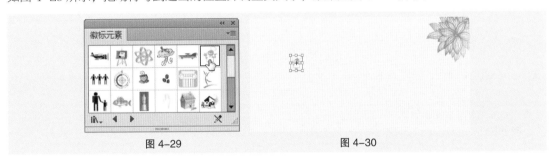

图 4-29　　　　　　　　　　　　图 4-30

（7）选择"钢笔"工具 ，在适当的位置绘制一条路径，填充描边为黑色，并在属性栏中将"描边粗细"选项设置为 0.5 pt，按 Enter 键确定操作，效果如图 4-31 所示。

（8）选择"窗口 > 画笔库 > 艺术效果 > 艺术效果 _ 油墨"命令，弹出"艺术效果 _ 油墨"控制面板，选择需要的画笔，如图 4-32 所示，用画笔为图形描边，效果如图 4-33 所示。

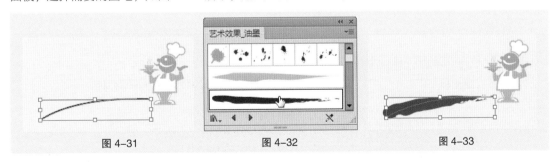

图 4-31　　　　　　　　　图 4-32　　　　　　　　　图 4-33

（9）选择"选择"工具 ，选取路径，按住 Alt 键的同时，拖动路径到适当的位置，复制路径，在属性栏中将"描边粗细"选项设置为 0.25 pt，按 Enter 键确定操作，效果如图 4-34 所示。

（10）选择"文字"工具 T，在适当的位置输入需要的文字，选择"选择"工具 ，在属性栏中选择合适的字体并设置文字大小，设置文字填充色为深棕色（0、50、100、90），填充文字，效果如图 4-35 所示。

（11）选择"文字"工具 T，在适当的位置分别输入需要的文字。选择"选择"工具 ，在属性栏中选择合适的字体并设置文字的大小，效果如图 4-36 所示。

图 4-34　　　　　　　　　　　　图 4-35

图 4-36

（12）选择"选择"工具 ，选取文字"将'利州之王'……"，按 Ctrl+T 组合键，弹出"字符"控制面板，将"设置所选字符的字距调整"选项 设置为 100，其他选项的设置如图 4-37 所示；按 Enter 键确定操作，效果如图 4-38 所示。

图 4-37　　　　　　　　　　　　　　　　　图 4-38

（13）选取文字"1、蒸煮……"，选择"字符"控制面板，将"设置行距"选项 设置为 6 pt，其他选项的设置如图 4-39 所示；按 Enter 键确定操作，效果如图 4-40 所示。

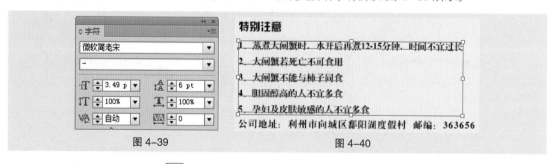

图 4-39　　　　　　　　　　　　　　图 4-40

（14）选择"选择"工具 ，按住 Shift 键的同时，选取需要的文字，设置文字填充色为深棕色（0、50、100、90），填充文字，效果如图 4-41 所示。

（15）在页面空白处单击，取消文字的选取状态，礼券正、反面制作完成，效果如图 4-42 所示。

图 4—41

图 4—42

4.1.2 "图层"控制面板

打开一张图像,选择"窗口 > 图层"命令,弹出"图层"控制面板,如图 4—43 所示。下面来介绍"图层"控制面板。

图 4—43

在"图层"控制面板的右上方有两个系统按钮 ◀◀ ✕,分别是"折叠为图标"按钮和"关闭"按钮。单击"折叠为图标"按钮,可以将"图层"控制面板折叠为图标;单击"关闭"按钮,可以关闭"图层"控制面板。

图层名称显示在当前图层中。默认状态下,在新建图层时,如果未指定名称,程序将以数字的递增为图层指定名称,如图层 1、图层 2 等,可以根据需要为图层重新命名。

单击图层名称前的三角形按钮 ▶,可以展开或折叠图层。当按钮为 ▼ 时,表示此图层中的内容处于未显示状态,单击此按钮就可以展开当前图层中所有的选项;当按钮为 ▼ 时,表示显示了图层中的选项,单击此按钮,可以将图层折叠起来,这样可以节省"图层"控制面板的空间。

眼睛图标 ⊙ 用于显示或隐藏图层;图层右上方的黑色三角形图标 表示当前正在被编辑的图层;锁定图标 🔒 表示当前图层和透明区域被锁定,不能被编辑。

在"图层"控制面板的最下面有 5 个按钮,如图 4—44 所示,它们从左至右依次是"定位对象"按钮、"建立 / 释放剪切蒙版"按钮、"创建新子图层"按钮、"创建新图层"按钮和"删除所选图层"按钮。

图 4—44

"定位对象"按钮 🔍:单击此按钮,可以选中所选对象所在的图层。

"建立 / 释放剪切蒙版"按钮 ▣:单击此按钮,将在当前图层上建立或释放一个蒙版。

"创建新子图层"按钮 🗑:单击此按钮,可以为当前图层新建一个子图层。

"创建新图层"按钮 🗑:单击此按钮,可以在当前图层上面新建一个图层。

"删除所选图层"按钮 🗑:即垃圾桶,可以将不想要的图层拖到此处删除。

单击"图层"控制面板右上方的图标 ▼≣,将弹出其下拉式菜单。

4.1.3 编辑图层

使用图层时，可以通过"图层"控制面板对图层进行编辑，如新建图层、新建子图层、为图层设定选项、合并图层和建立图层蒙版等，这些操作都可以通过选择"图层"控制面板下拉式菜单中的命令来完成。

图 4-45

1. 新建图层

（1）使用"图层"控制面板下拉式菜单。单击"图层"控制面板右上方的图标 ，在弹出的菜单中选择"新建图层"命令，弹出"图层选项"对话框，如图 4-45 所示。"名称"选项用于设定当前图层的名称；"颜色"选项用于设定新图层的颜色，设置完成后，单击"确定"按钮，可以得到一个新建的图层。

（2）使用"图层"控制面板按钮或快捷键。

单击"图层"控制面板下方的"创建新图层"按钮 ，可以创建一个新图层。

按住 Alt 键，单击"图层"控制面板下方的"创建新图层"按钮 ，将弹出"图层选项"对话框。

按住 Ctrl 键，单击"图层"控制面板下方的"创建新图层"按钮 ，不管当前选择的是哪一个图层，都可以在图层列表的最上层新建一个图层。

如果要在当前选中的图层中新建一个子图层，可以单击"创建新子图层"按钮 ，或从"图层"控制面板下拉式菜单中选择"新建子图层"命令，或在按住 Alt 键的同时单击"创建新子图层"按钮 ，也可以弹出"图层选项"对话框，它的设定方法和新建图层是一样的。

2. 选择图层

单击图层名称，图层会显示为深灰色，并在名称后出现一个当前图层指示图标，即黑色三角形图标 ，表示此图层被选择为当前图层。

按住 Shift 键，分别单击两个图层，即可选择两个图层之间多个连续的图层。

按住 Ctrl 键，逐个单击想要选择的图层，可以选择多个不连续的图层。

3. 复制图层

复制图层时，会复制图层中包含的所有对象，包括路径、编组，以至于整个图层。

（1）使用"图层"控制面板下拉式菜单。选择要复制的图层"图层 3"，如图 4-46 所示。单击"图层"控制面板右上方的图标 ，在弹出的菜单中选择"复制'图层 3'"命令，复制出的图层在"图层"控制面板中显示为被复制图层的副本。复制图层后，"图层"控制面板的效果如图 4-47 所示。

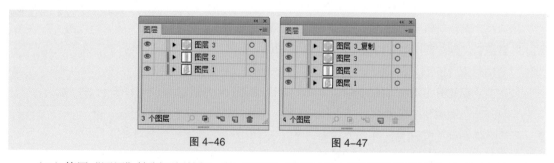

图 4-46　　　　　　　　　图 4-47

（2）使用"图层"控制面板按钮。将"图层"控制面板中需要复制的图层拖动到下方的"创建新图层"按钮 上，就可以将所选的图层复制为一个新图层。

4. 删除图层

（1）使用"图层"控制面板的下拉式命令。选择要删除的图层"图层3_复制"，如图4-48所示。单击"图层"控制面板右上方的图标，在弹出的菜单中选择"删除'图层3_复制'"命令，如图4-49所示，图层即可被删除，删除图层后的"图层"控制面板如图4-50所示。

图4-48　　　　　　　　　图4-49　　　　　　　　　图4-50

（2）使用"图层"控制面板按钮。选择要删除的图层，单击"图层"控制面板下方的"删除所选图层"按钮，可以将图层删除。将需要删除的图层拖动到"删除所选图层"按钮上，也可以删除图层。

5. 隐藏或显示图层

隐藏一个图层时，此图层中的对象在绘图页面上不显示，在"图层"控制面板中可以设置隐藏或显示图层。在制作或设计复杂作品时，可以快速隐藏图层中的路径、编组和对象。

（1）使用"图层"控制面板的下拉式菜单。选中一个图层，如图4-51所示。单击"图层"控制面板右上方的图标，在弹出的菜单中选择"隐藏其他图层"命令，"图层"控制面板中除当前选中的图层外，其他图层都被隐藏，效果如图4-52所示。

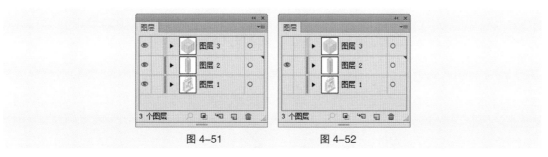

图4-51　　　　　　　　　图4-52

（2）使用"图层"控制面板中的眼睛图标。在"图层"控制面板中，单击想要隐藏的图层左侧的眼睛图标，图层被隐藏。再次单击眼睛图标所在位置的方框，会重新显示此图层。

如果在一个图层的眼睛图标上单击，隐藏图层，并按住鼠标左键不放，向上或向下拖动，光标所经过的图标就会被隐藏，这样可以快速隐藏多个图层。

（3）使用"图层选项"对话框。在"图层"控制面板中双击图层或图层名称，可以弹出"图层选项"对话框，取消勾选"显示"复选框，单击"确定"按钮，图层被隐藏。

6. 锁定图层

当锁定图层后，此图层中的对象不能再被选择或编辑，使用"图层"控制面板，能够快速锁定多个路径、编组和子图层。

（1）使用"图层"控制面板的下拉式菜单。选中一个图层，如图4-53所示。单击"图层"控制面板右上方的图标，在弹出的菜单中选择"锁定其他图层"命令，"图层"控制面板中除当前选中的图层外，其他所有图层都被锁定，效果如图 4-54 所示。选择"解锁所有图层"命令，可以解除所有图层的锁定。

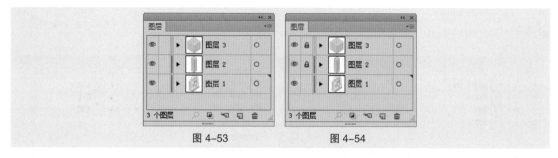

图 4-53　　　　　　　　　图 4-54

（2）使用对象命令。选择"对象 > 锁定 > 其他图层"命令，可以锁定其他未被选中的图层。

（3）使用"图层"控制面板中的锁定图标。在想要锁定的图层左侧的方框中单击，出现锁定图标，图层被锁定。再次单击锁定图标，图标消失，即解除对此图层的锁定状态。

如果在一个图层左侧的方框中单击，锁定图层，并按住鼠标左键不放，向上或向下拖动，鼠标经过的方框中出现锁定图标，就可以快速锁定多个图层。

（4）使用"图层选项"对话框。在"图层"控制面板中双击图层或图层名称，可以弹出"图层选项"对话框，选择"锁定"复选框，单击"确定"按钮，图层被锁定。

7. 合并图层

在"图层"控制面板中选择需要合并的图层，如图 4-55 所示，单击"图层"控制面板右上方的图标，在弹出的菜单中选择"合并所选图层"命令，所有选择的图层将合并到最后一个选择的图层或编组中，效果如图 4-56 所示。

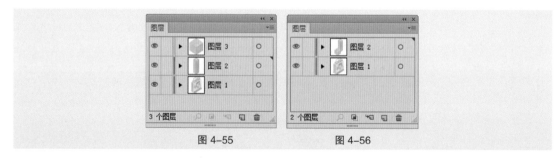

图 4-55　　　　　　　　　图 4-56

选择弹出式菜单中的"拼合图稿"命令，所有可见的图层将合并为一个图层，合并图层时，不会改变对象在绘图页面上的排序。

4.1.4　选择和移动对象

1. 选择对象

（1）使用"图层"控制面板中的目标图标。在同一图层中的几个图形对象处于未选取状态，如图 4-57 所示。单击"图层"控制面板中要选择对象所在图层右侧的目标图标，如图 4-58 所示。目标图标变为，此时，图层中的对象被全部选中，效果如图 4-59 所示。

（2）结合快捷键并使用"图层"控制面板。按住 Alt 键的同时，单击"图层"控制面板中的图层名称，此图层中的对象将被全部选中。

（3）使用"选择"菜单下的命令。使用"选择"工具选中同一图层中的一个对象，如图 4-60

所示。选择"选择 > 对象 > 同一图层上的所有对象"命令，此图层中的对象被全部选中，如图 4-61 所示。

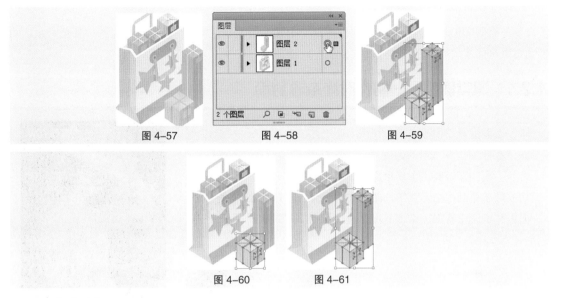

图 4-57   图 4-58   图 4-59

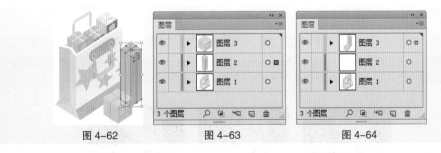

图 4-60   图 4-61

2. 移动对象

在设计制作的过程中，有时需要调整各图层之间的顺序，而图层中对象的位置也会相应地发生变化。选择需要移动的图层，按住鼠标左键将该图层拖动到需要的位置，释放鼠标左键，图层被移动。移动图层后，图层中的对象在绘图页面上的排列次序也会被移动。

选择想要移动的"图层 2"中的对象，如图 4-62 所示，再选择"图层"控制面板中需要放置对象的"图层 3"，如图 4-63 所示，选择"对象 > 排列 > 发送至当前图层"命令，可以将对象移动到当前选中的"图层 3"中，效果如图 4-64 所示。

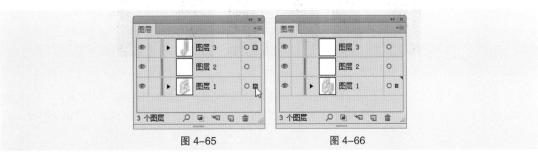

图 4-62   图 4-63   图 4-64

单击"图层 3"右边的方形图标，按住鼠标左键不放，将该图标拖动到"图层 1"中，如图 4-65 所示，可以将对象移动到"图层 1"中，效果如图 4-66 所示。

图 4-65   图 4-66

4.2 剪切蒙版

将一个对象制作为蒙版后，对象的内部变得完全透明，这样就可以显示下面的被蒙版对象，同时也可以遮挡住不需要显示或打印的部分。

4.2.1 课堂案例——制作时尚杂志封面

【案例学习目标】学习使用文字工具、剪切蒙版命令制作时尚杂志封面。

【案例知识要点】使用置入命令、矩形工具和剪切蒙版命令制作杂志背景；使用文字工具、字符控制面板和填充工具添加杂志名称和栏目信息。效果如图4-67所示。

扫码观看
本案例视频

扫码观看
扩展案例

图4-67

（1）按Ctrl+N组合键，新建一个文档，设置文档的宽度为210 mm，高度为297 mm，取向为竖向，出血为3 mm，颜色模式为CMYK，单击"确定"按钮。

（2）选择"文件 > 置入"命令，弹出"置入"对话框，选择素材01文件，单击"置入"按钮，将图片置入到页面中。在属性中单击"嵌入"按钮，嵌入图片。选择"选择"工具 ▶，拖动图片到适当的位置，并调整其大小，效果如图4-68所示。

（3）选择"矩形"工具 ▣，绘制一个与页面大小相等的矩形，如图4-69所示。选择"选择"工具 ▶，按住Shift键的同时，单击下方图片将其同时选取，按Ctrl+7组合键，建立剪切蒙版，效果如图4-70所示。

图4-68 　　　　　　图4-69 　　　　　　图4-70

（4）选择"文字"工具 T，在页面中分别输入需要的文字，选择"选择"工具 ▶，在属性栏中分别选择合适的字体并设置文字大小，效果如图4-71所示。选取文字"时尚装"，设置文字填充色为红色（0、100、100、0），填充文字，效果如图4-72所示。

图 4-71　　　　　图 4-72

（5）按 Ctrl+T 组合键，弹出"字符"控制面板，将"设置所选字符的字距调整" 选项▥设置为 -200，其他选项的设置如图 4-73 所示；按 Enter 键确定操作，效果如图 4-74 所示。

图 4-73　　　　　　　　　图 4-74

（6）选取英文文字"FASHION CLOTHES"，填充文字为白色，选择"字符"控制面板，将"设置行距"选项▤设置为 51 pt，其他选项的设置如图 4-75 所示；按 Enter 键确定操作，效果如图 4-76 所示。

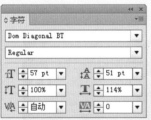

图 4-75　　　　　　　　　图 4-76

（7）选择"文字"工具 T，在页面中分别输入需要的文字，选择"选择"工具 ▶，在属性栏中选择合适的字体并设置文字大小，效果如图 4-77 所示。按住 Shift 键的同时，选取需要的文字，填充文字为白色，效果如图 4-78 所示。选取需要的文字，设置文字填充色为红色（0、100、100、0），填充文字，效果如图 4-79 所示。

图 4-77　　　　　图 4-78　　　　　图 4-79

（8）按 Ctrl+O 组合键，打开素材 02 文件，选择"选择"工具 ，选取需要的图形，按 Ctrl+C 组合键，复制图形。选择正在编辑的页面，按 Ctrl+V 组合键，将其粘贴到页面中，拖动复制的图形到适当的位置，并调整其大小，效果如图 4-80 所示。连续按 Ctrl+ [组合键，将图形向后移至适当的位置，效果如图 4-81 所示。

图 4-80　　　　　　　图 4-81

（9）选择"文字"工具 ，在页面中分别输入需要的文字，选择"选择"工具 ，在属性栏中选择合适的字体并设置文字大小，效果如图 4-82 所示。按住 Shift 键的同时，选取需要的文字，填充文字为白色，效果如图 4-83 所示。

图 4-82　　　　　　　图 4-83

（10）选取需要的文字，设置文字填充色为红色（0、100、100、0），填充文字，效果如图 4-84 所示。选取文字"鲜肉 新番来袭"，在属性栏中单击"右对齐"按钮 ，使文本右对齐，效果如图 4-85 所示。

图 4-84　　　　　　　图 4-85

（11）选择"矩形"工具 ，在适当的位置分别绘制 2 个矩形，如图 4-86 所示。按 Shift+X 组合键，互换填色和描边，效果如图 4-87 所示。

（12）连续按 Ctrl+ [组合键，将图形向后移至适当的位置，效果如图 4-88 所示。在空白处单击，取消图形的选取状态，时尚杂志封面制作完成，效果如图 4-89 所示。

4.2.2　创建剪切蒙版

"剪切蒙版"命令可以将蒙版的不透明度设置应用到它所覆盖的所有对象中。

（1）使用"创建"命令制作。新建文档，选择"文件 > 置入"命令，在弹出的"置入"对话框中选择图像文件，如图 4-90 所示，单击"置入"按钮，图像出现在页面中，效果如图 4-91 所示。选择"椭圆"工具 ，在图像上绘制一个椭圆形作为蒙版，如图 4-92 所示。

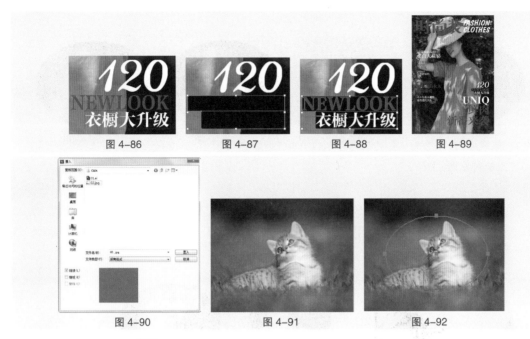

图 4-86　　　　　图 4-87　　　　　图 4-88　　　　　图 4-89

图 4-90　　　　　图 4-91　　　　　图 4-92

使用"选择"工具 ，同时选中图像和椭圆形，如图 4-93 所示（作为蒙版的图形必须在图像的上面）。选择"对象 > 剪切蒙版 > 建立"命令（组合键为 Ctrl+7），制作出蒙版效果，如图 4-94所示。图像在椭圆形蒙版外面的部分被隐藏，取消选取状态，蒙版效果如图 4-95 所示。

图 4-93　　　　　　　图 4-94　　　　　　　图 4-95

（2）使用鼠标右键的弹出式命令制作蒙版。使用"选择"工具 选中图像和椭圆形，在选中的对象上单击鼠标右键，在弹出的菜单中选择"建立剪切蒙版"命令，制作出蒙版效果。

（3）用"图层"控制面板中的命令制作蒙版。使用"选择"工具 选中图像和椭圆形，单击"图层"控制面板右上方的图标 ，在弹出的菜单中选择"建立剪切蒙版"命令，制作出蒙版效果。

4.2.3　编辑剪切蒙版

制作蒙版后，还可以对蒙版进行编辑，如查看蒙版、锁定蒙版、添加对象到蒙版、删除被蒙版的对象等。

1. 查看蒙版

使用"选择"工具 选中蒙版图像，如图 4-96 所示。单击"图层"控制面板右上方的图标 ，在弹出的菜单中选择"定位对象"命令，"图层"控制面板如图 4-97 所示，可以在"图层"控制面板中查看蒙版状态，也可以编辑蒙版。

2. 锁定蒙版

使用"选择"工具 选中需要锁定的蒙版图像，如图 4-98 所示。选择"对象 > 锁定 > 所选对象"命令，可以锁定蒙版图像，效果如图 4-99 所示。

图 4-96　　　　　　图 4-97　　　　　　图 4-98　　　　　　图 4-99

3. 添加对象到蒙版

选中要添加的对象，如图 4-100 所示。选择"编辑 > 剪切"命令，剪切该对象。使用"直接选择"工具 选中被蒙版图形中的对象，如图 4-101 所示。选择"编辑 > 贴在前面、贴在后面"命令，就可以将要添加的对象粘贴到相应的蒙版图形的前面或后面，并成为图形的一部分，贴在前面的效果如图 4-102 所示。

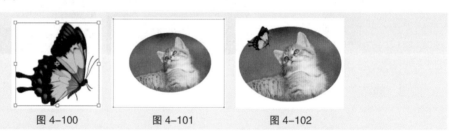

图 4-100　　　　　　　图 4-101　　　　　　　图 4-102

4. 删除被蒙版的对象

选中被蒙版的对象，选择"编辑 > 清除"命令或按 Delete 键，即可删除被蒙版的对象。

在"图层"控制面板中选中被蒙版对象所在图层，再单击"图层"控制面板下方的"删除所选图层"按钮 ，也可删除被蒙版的对象。

4.3　"透明度"控制面板

在"透明度"控制面板中，可以给对象添加不透明度，还可以改变混合模式，从而制作出新的效果。

4.3.1　课堂案例——制作旅游海报

【案例学习目标】学习使用透明度控制面板制作海报背景。

【案例知识要点】使用置入命令置入素材图片；使用透明度控制面板调整图片混合模式和不透明度。效果如图 4-103 所示。

扫码观看
本案例视频

扫码观看
扩展案例

图 4-103

（1）按 Ctrl+N 组合键，新建一个文档，设置文档的宽度为 210 mm，高度为 285 mm，取向为竖向，出血为 3 mm，颜色模式为 CMYK，单击"确定"按钮。

（2）选择"矩形"工具 ▣，绘制一个与页面大小相等的矩形，设置填充色为蓝色（15、0、0、0），填充图形，并设置描边色为无，效果如图 4-104 所示。

（3）选择"文件 > 置入"命令，弹出"置入"对话框，分别选择素材 01、02、03 文件，单击"置入"按钮，分别将图片置入页面中。在属性中单击"嵌入"按钮，嵌入图片。选择"选择"工具 ▶，分别拖动图片到适当的位置，效果如图 4-105 所示。

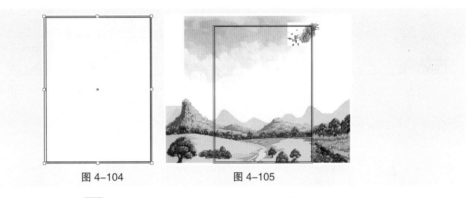

图 4-104   图 4-105

（4）选择"选择"工具 ▶，按住 Shift 键的同时，选取需要的图片，选择"窗口 > 透明度"命令，弹出"透明度"控制面板，将混合模式设置为"正片叠底"，如图 4-106 所示，效果如图 4-107 所示。

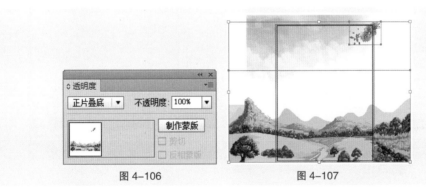

图 4-106   图 4-107

（5）选择"选择"工具 ▶，选取天空图片，选择"透明度"控制面板，将"不透明度"选项设为 60%，如图 4-108 所示，按 Enter 键确定操作，效果如图 4-109 所示。

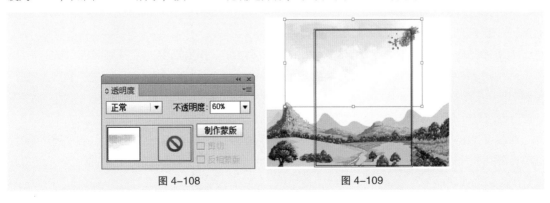

图 4-108   图 4-109

（6）选择"选择"工具 ，选取下方蓝色背景矩形，按 Ctrl+C 组合键，复制矩形，按 Shift+Ctrl+V 组合键，就地粘贴矩形，如图 4-110 所示。按住 Shift 键的同时，单击需要的图片将其同时选取，如图 4-111 所示，按 Ctrl+7 组合键，建立剪切蒙版，效果如图 4-112 所示。

图 4-110　　　　　　　　　　图 4-111　　　　　　　　　　图 4-112

（7）选择"文件 > 置入"命令，弹出"置入"对话框，选择素材 04 文件，单击"置入"按钮，将图片置入页面中。在属性中单击"嵌入"按钮，嵌入图片。选择"选择"工具，拖动图片到适当的位置，效果如图 4-113 所示。

（8）按 Ctrl+O 组合键，打开素材 05 文件，选择"选择"工具，选取需要的图形，按 Ctrl+C 组合键，复制图形。选择正在编辑的页面，按 Ctrl+V 组合键，将其粘贴到页面中，并拖动复制的图形到适当的位置，效果如图 4-114 所示。旅游海报制作完成，效果如图 4-115 所示。

图 4-113　　　　　　　　　　图 4-114　　　　　　　　　　图 4-115

4.3.2　不透明度

透明度是 Illustrator 中对象的一个重要外观属性。Illustrator CS6 的透明度设置绘图页面上的对象可以是完全透明、半透明或不透明 3 种状态。

选择"窗口 > 透明度"命令（组合键为 Shift+Ctrl+F10），弹出"透明度"控制面板，如图 4-116 所示。单击控制面板右上方的图标，在弹出的菜单中选择"显示缩览图"命令，可以将"透明度"控制面板中的缩览图显示出来，如图 4-117 所示。在弹出的菜单中选择"显示选项"命令，可以将"透明度"控制面板中的选项显示出来，如图 4-118 所示。

在图 4-118 所示的"透明度"控制面板中，当前选中对象的缩略图出现在其中。当"不透明度"选项设置为不同的数值时，效果如图 4-119 所示（默认状态下，对象是完全不透明的）。

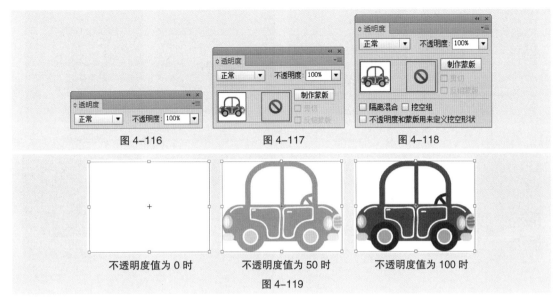

图 4-116　　　　　　　　图 4-117　　　　　　　　图 4-118

不透明度值为 0 时　　　　不透明度值为 50 时　　　　不透明度值为 100 时

图 4-119

选择"隔离混合"选项：可以使不透明度设置只影响当前组合或图层中的其他对象。

选择"挖空组"选项：可以使不透明度设置不影响当前组合或图层中的其他对象，但背景对象仍然受影响。

选择"不透明度和蒙版用来定义挖空形状"选项：可以使用不透明度蒙版来定义对象的不透明度所产生的效果。

选中"图层"控制面板中要改变不透明度的图层，单击图层右侧的图标 ◯，将其定义为目标图层，在"透明度"控制面板的"不透明度"选项中调整不透明度的数值，此时的调整会影响到整个图层不透明度的设置，包括此图层中已有的对象和将来绘制的任何对象。

4.3.3 混合模式

在"透明度"控制面板中提供了16种混合模式，如图4-120所示。打开一张图像，如图4-121所示。在图像上选择需要的图形，如图4-122所示。分别选择不同的混合模式，可以观察图像的不同变化，效果如图4-123所示。

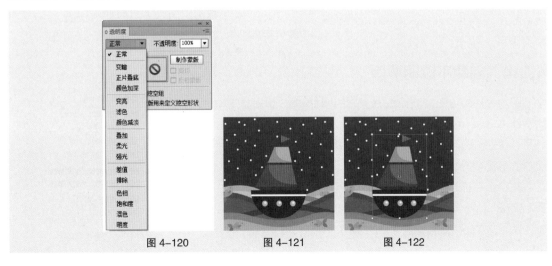

图 4-120　　　　　　　图 4-121　　　　　　　图 4-122

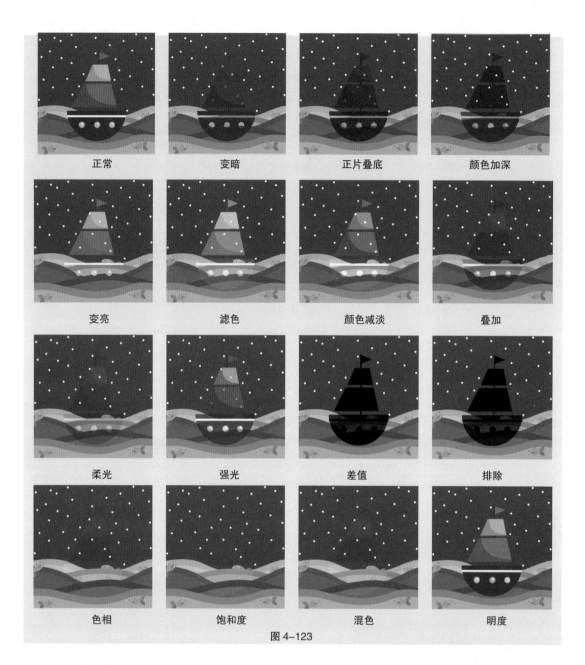

正常	变暗	正片叠底	颜色加深
变亮	滤色	颜色减淡	叠加
柔光	强光	差值	排除
色相	饱和度	混色	明度

图 4-123

4.3.4 创建不透明蒙版

单击"透明度"控制面板右上方的图标 ，弹出其下拉菜单，如图 4-124 所示。

"建立不透明蒙版"命令可以将蒙版的不透明度设置应用到它所覆盖的所有对象中。

在绘图页面中选中两个对象，如图 4-125 所示，选择"建立不透明蒙版"命令，"透明度"控制面板显示的效果如图 4-126 所示，制作不透明蒙版的效果如图 4-127 所示。

图 4-124

图 4-125   图 4-126   图 4-127

4.3.5　编辑不透明蒙版

选择"释放不透明蒙版"命令，制作的不透明蒙版将被释放，对象恢复原来的效果。选中制作的不透明蒙版，选择"停用不透明蒙版"命令，不透明蒙版被禁用，"透明度"控制面板的变化如图 4-128 所示。

选中制作的不透明蒙版，选择"取消链接不透明蒙版"命令，蒙版对象和被蒙版对象之间的链接关系被取消。"透明度"控制面板中，蒙版对象和被蒙版对象缩略图之间的"指名不透明蒙版链接到图稿"按钮 ⑧ 转换为"单击可将不透明蒙版链接到图稿"按钮 ⑫，如图 4-129 所示。

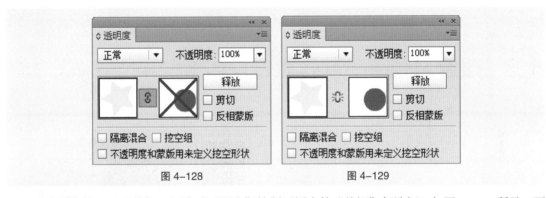

图 4-128   图 4-129

选中制作的不透明蒙版，勾选"透明度"控制面板中的"剪切"复选框，如图 4-130 所示，不透明蒙版的变化效果如图 4-131 所示。勾选"透明度"控制面板中的"反相蒙版"复选框，如图 4-132 所示，不透明蒙版的变化效果如图 4-133 所示。

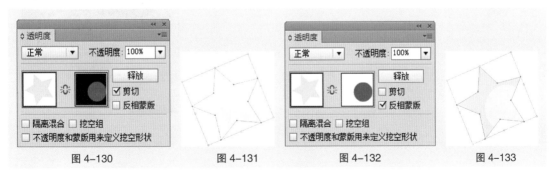

图 4-130   图 4-131   图 4-132   图 4-133

4.4 课堂练习——制作环保海报

【练习知识要点】使用混合模式和"透明度"命令绘制装饰图形；使用文字工具输入文字；使用钢笔工具绘制图形。效果如图 4-134 所示。

扫码观看
本案例视频

图 4-134

4.5 课后习题——制作旅行广告

【习题知识要点】使用"透明度"控制面板改变图形的透明度和混合模式；使用文字工具添加文字；使用"文字创建轮廓"命令和剪切蒙版制作图案文字；使用路径查找器绘制图形。效果如图 4-135 所示。

扫码观看
本案例视频

图 4-135

第 5 章

05

绘图

▶ **本章介绍**

　　本章将讲解线段和网格的绘制方法及 Illustrator CS6 中基本图形工具的使用方法，并详细讲解使用"路径查找器"面板编辑对象的方法。认真学习本章的内容，可以掌握 Illustrator CS6 的绘图功能及其特点和编辑对象的方法，为进一步学习 Illustrator CS6 打好基础。

学习目标

- 掌握绘制线段和网格的方法
- 熟练掌握基本图形的绘制技巧
- 熟练掌握对象的编辑技巧

技能目标

- 掌握线性图标的绘制方法
- 掌握相机图标的绘制方法
- 掌握天气图标的绘制方法

慕课视频

绘图

5.1 绘制线段和网格

在平面设计中，直线和弧线是经常使用的线型。使用"直线段"工具 ✎ 和"弧形"工具 ⌒ 可以创建任意的直线和弧线，对其进行编辑和变形，可以得到更多复杂的图形对象。下面，将详细讲解这些工具的使用方法。

5.1.1 课堂案例——绘制线性图标

【案例学习目标】学习使用线段和网格工具绘制线性图标。

【案例知识要点】使用"矩形网格"工具绘制背景网格；使用"直线段"工具、"弧形"工具和"描边"控制面板绘制自行车车架；使用"螺旋线"工具绘制把手；使用"椭圆"工具、"极坐标网格"工具绘制车轮。效果如图5-1所示。

扫码观看
本案例视频

扫码观看
扩展案例

图5-1

（1）按Ctrl+N组合键，新建一个文档，设置文档的宽度为200 mm，高度为200 mm，取向为竖向，颜色模式为CMYK，单击"确定"按钮。

（2）选择"矩形网格"工具 ▦，在页面中单击鼠标左键，弹出"矩形网格工具选项"对话框，设置如图5-2所示，单击"确定"按钮，出现一个矩形网格。选择"选择"工具 ▶，拖动矩形网格到适当的位置，效果如图5-3所示。

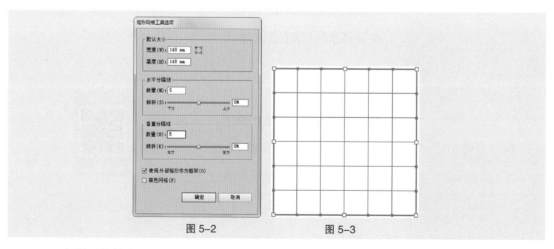

图5-2   图5-3

（3）保持网格的选取状态。设置填充色为草绿色（60、0、88、0），填充图形，并填充描边为白色，效果如图5-4所示。选择"窗口 > 描边"命令，弹出"描边"控制面板，勾选"虚线"复选框，数值被激活，各选项的设置如图5-5所示；按Enter键确定操作，效果如图5-6所示。

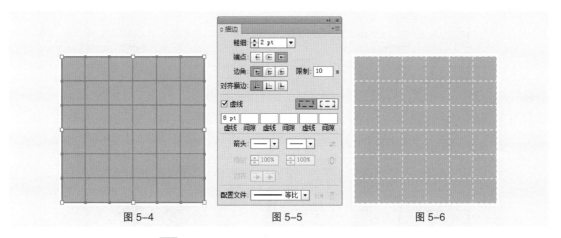

图 5-4 图 5-5 图 5-6

（4）选择"矩形"工具，按住 Shift 键的同时，在适当的位置绘制一个正方形，填充图形为白色，并设置描边色为无，效果如图 5-7 所示。在属性栏中将"不透明度"选项设置为 40%，按 Enter 键确定操作，效果如图 5-8 所示。

（5）选择"直线段"工具，在适当的位置分别绘制直线和斜线，如图 5-9 所示。选择"选择"工具，按住 Shift 键的同时，将直线和斜线同时选取，设置描边色为军绿色（88、0、100、62），填充描边，效果如图 5-10 所示。

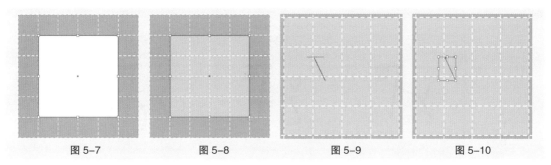

图 5-7 图 5-8 图 5-9 图 5-10

（6）选择"描边"控制面板，单击"端点"选项中的"圆头端点"按钮，其他选项的设置如图 5-11 所示，效果如图 5-12 所示。用相同的方法绘制其他直线和斜线，效果如图 5-13 所示。

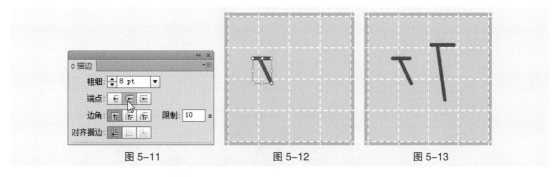

图 5-11 图 5-12 图 5-13

（7）选择"弧形"工具，在适当的位置绘制一条弧线，如图 5-14 所示。选择"吸管"工具，将吸管图标放置在斜线上，如图 5-15 所示，单击鼠标左键吸取属性，效果如图 5-16 所示。

（8）选择"螺旋线"工具，在适当的位置绘制一条螺旋线，如图 5-17 所示。选择"吸管"工具，将吸管图标放置在斜线上，如图 5-18 所示，单击鼠标左键吸取属性，效果如图 5-19 所示。

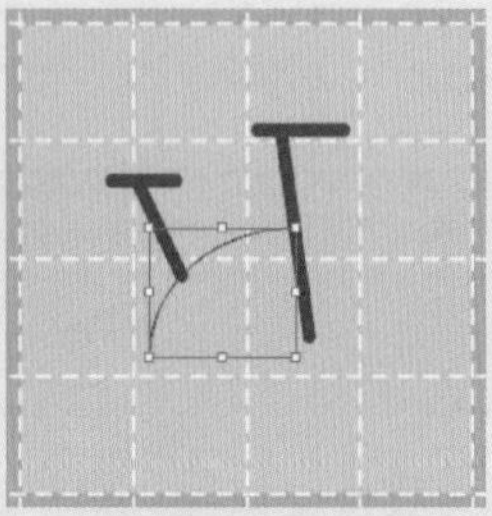
图 5-14

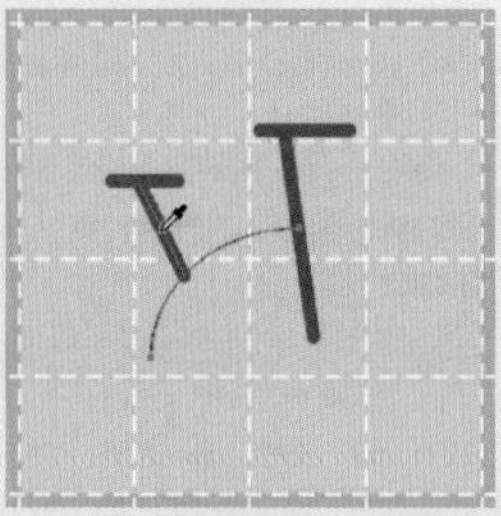
图 5-15

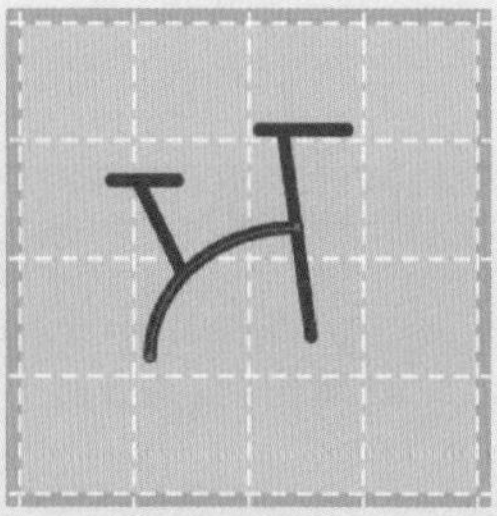
图 5-16

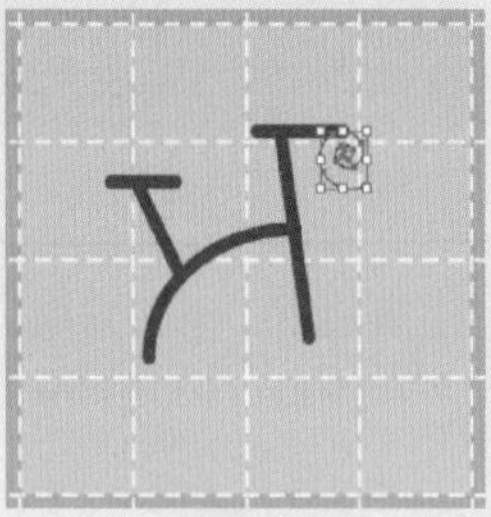
图 5-17

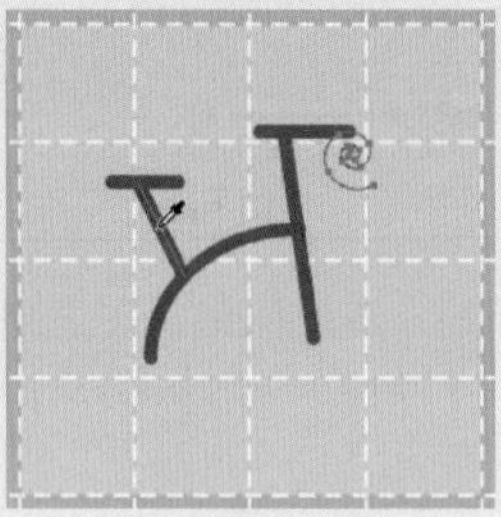
图 5-18

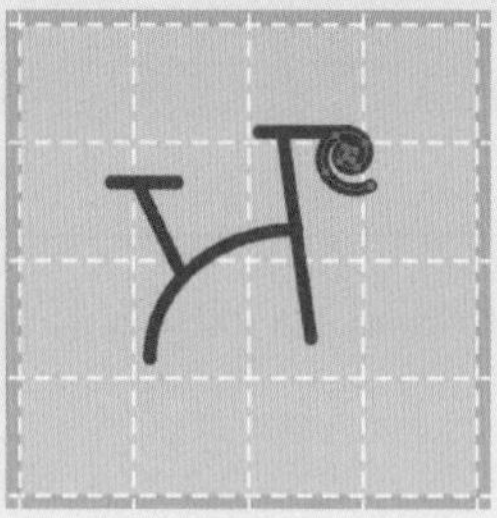
图 5-19

（9）选择“椭圆”工具，按 Alt+Shift 组合键的同时，以斜线下方端点为圆心绘制一个圆形，效果如图 5-20 所示。选择“吸管”工具，将吸管图标放置在斜线上，如图 5-21 所示，单击鼠标左键吸取属性，效果如图 5-22 所示。

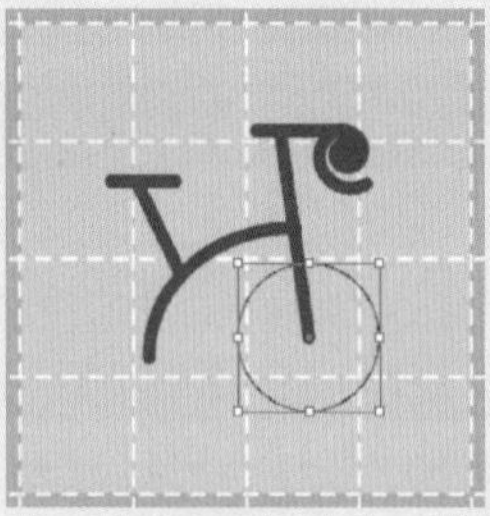
图 5-20

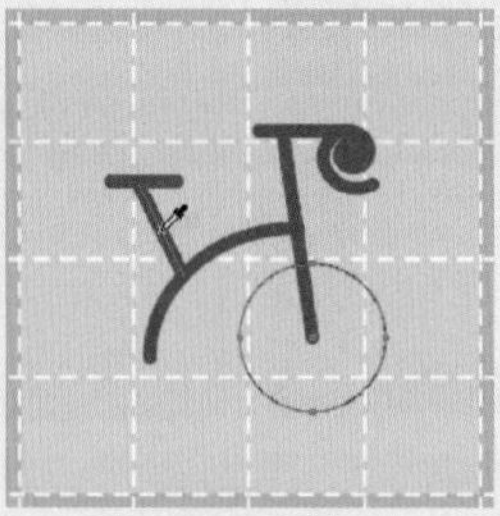
图 5-21

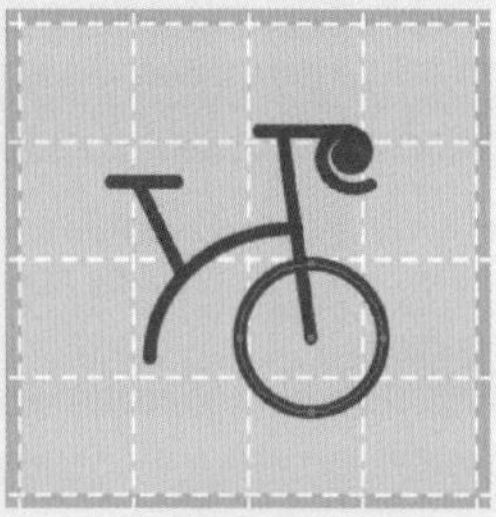
图 5-22

（10）选择“极坐标网格”工具，在页面中单击鼠标左键，弹出“极坐标网格工具选项”对话框，设置如图 5-23 所示，单击“确定”按钮，出现一个极坐标网格。选择“选择”工具，拖动极坐标网格到适当的位置，效果如图 5-24 所示。设置描边色为军绿色（88、0、100、62），填充描边，效果如图 5-25 所示。

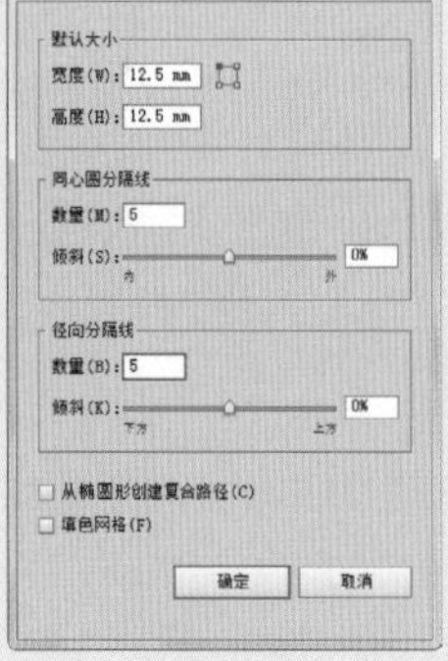

图 5-23

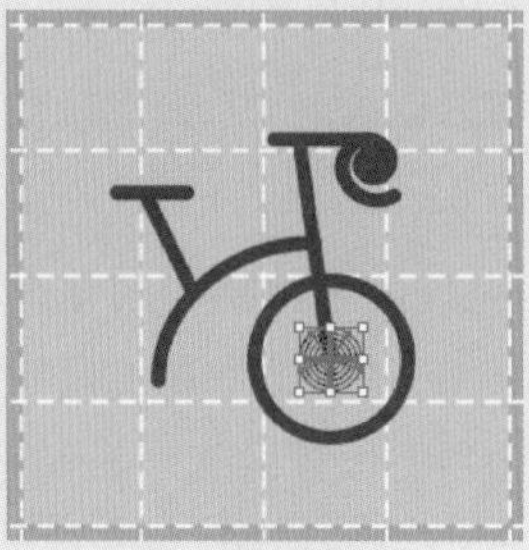
图 5-24

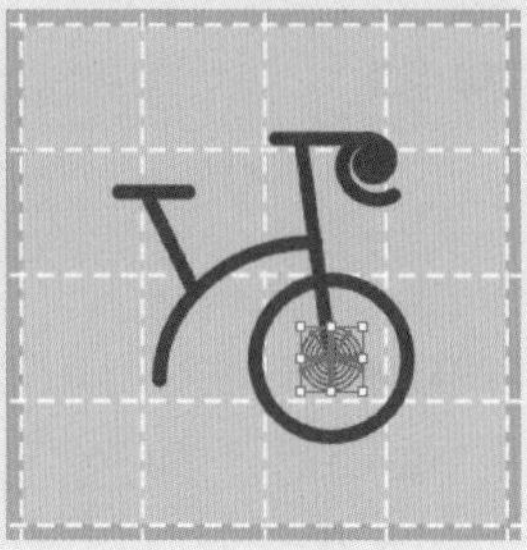
图 5-25

（11）选择"选择"工具 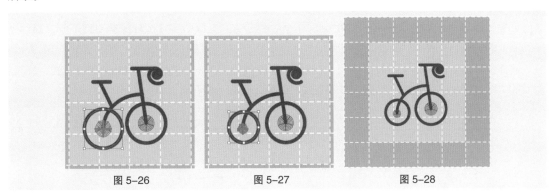，按住 Shift 键的同时，单击下方圆形将其同时选取，按住 Alt 键的同时，向左拖动图形到适当的位置，复制图形，效果如图 5-26 所示。按住 Alt+Shift 组合键的同时，拖动右上角的控制手柄，等比例缩小图形，效果如图 5-27 所示。线性图标绘制完成，效果如图 5-28 所示。

图 5-26　　　　　　　　图 5-27　　　　　　　　图 5-28

5.1.2　"直线段"工具

1. 拖动鼠标绘制直线

选择"直线段"工具 /，在页面中需要的位置单击并按住鼠标左键不放，拖动光标到需要的位置，释放鼠标左键，绘制出一条任意角度的斜线，效果如图 5-29 所示。

选择"直线段"工具 /，按住 Shift 键，在页面中需要的位置单击并按住鼠标左键不放，拖动光标到需要的位置，释放鼠标左键，绘制出水平、垂直或 45° 及其倍数角度的直线，效果如图 5-30 所示。

选择"直线段"工具 /，按住 Alt 键，在页面中需要的位置单击并按住鼠标左键不放，拖动鼠标到需要的位置，释放鼠标左键，绘制出以鼠标单击点为中心的直线（由单击点向两边扩展）。

选择"直线段"工具 /，按住 ~ 键，在页面中需要的位置单击并按住鼠标左键不放，拖动光标到需要的位置，释放鼠标左键，绘制出多条直线（系统自动设置），效果如图 5-31 所示。

2. 精确绘制直线

选择"直线段"工具 /，在页面中需要的位置单击，或双击"直线段"工具 /，都将弹出"直线段工具选项"对话框，如图 5-32 所示。在对话框中，"长度"选项可以设置线段的长度，"角度"选项可以设置线段的倾斜度，勾选"线段填色"复选框可以填充直线组成的图形。设置完成后，单击"确定"按钮，得到图 5-33 所示的直线。

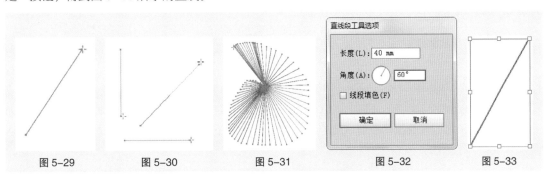

图 5-29　　　　　图 5-30　　　　　图 5-31　　　　　图 5-32　　　　　图 5-33

5.1.3 "弧形"工具

1. 拖动光标绘制弧线

选择"弧形"工具 ⌒ ，在页面中需要的位置单击并按住鼠标左键不放，拖动光标到需要的位置，释放鼠标左键，绘制出一段弧线，效果如图 5-34 所示。

选择"弧形"工具 ⌒ ，按住 Shift 键，在页面中需要的位置单击并按住鼠标左键不放，拖动光标到需要的位置，释放鼠标左键，绘制出在水平和垂直方向上长度相等的弧线，效果如图 5-35 所示。

选择"弧形"工具 ⌒ ，按住 ~ 键，在页面中需要的位置单击并按住鼠标左键不放，拖动光标到需要的位置，释放鼠标左键，绘制出多条弧线，效果如图 5-36 所示。

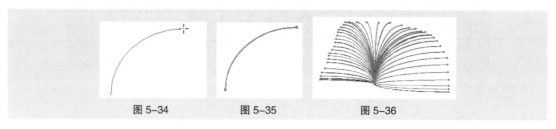

图 5-34   图 5-35   图 5-36

2. 精确绘制弧线

选择"弧形"工具 ⌒ ，在页面中需要的位置单击，或双击"弧形"工具 ⌒ ，都将弹出"弧线段工具选项"对话框，如图 5-37 所示。在对话框中，"X 轴长度"选项可以设置弧线水平方向的长度，"Y 轴长度"选项可以设置弧线垂直方向的长度，"类型"选项可以设置弧线类型，"基线轴"选项可以选择坐标轴，勾选"弧线填色"复选框可以填充弧线。设置完成后，单击"确定"按钮，得到如图 5-38 所示的弧形。输入不同的数值，将会得到不同的弧形，效果如图 5-39 所示。

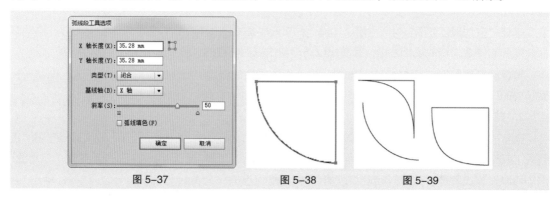

图 5-37   图 5-38   图 5-39

5.1.4 "螺旋线"工具

1. 拖动光标绘制螺旋线

选择"螺旋线"工具 ◎ ，在页面中需要的位置单击并按住鼠标左键不放，拖动光标到需要的位置，释放鼠标左键，绘制出螺旋线，如图 5-40 所示。

选择"螺旋线"工具 ◎ ，按住 Shift 键，在页面中需要的位置单击并按住鼠标左键不放，拖动光标到需要的位置，释放鼠标左键，绘制出螺旋线，绘制的螺旋线转动的角度将是强制角度（默认设置是 45°）的整倍数。

选择"螺旋线"工具 ◎ ，按住 ~ 键，在页面中需要的位置单击并按住鼠标左键不放，拖动光标到需要的位置，释放鼠标左键，绘制出多条螺旋线，效果如图 5-41 所示。

2. 精确绘制螺旋线

选择"螺旋线"工具 ⓞ，在页面中需要的位置单击，弹出"螺旋线"对话框，如图 5-42 所示。在对话框中，"半径"选项可以设置螺旋线的半径，螺旋线的半径指的是从螺旋线的中心点到螺旋线终点之间的距离；"衰减"选项可以设置螺旋线内部线条之间的螺旋圈数；"段数"选项可以设置螺旋线的螺旋段数；"样式"单选项按钮用来设置螺旋线的旋转方向。设置完成后，单击"确定"按钮，得到图 5-43 所示的螺旋线。

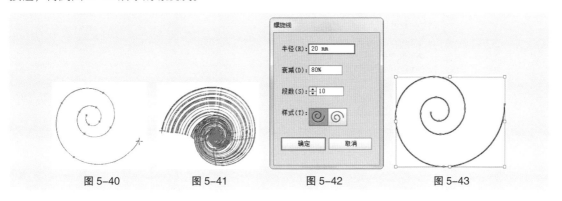

图 5-40　　　　　图 5-41　　　　　图 5-42　　　　　图 5-43

5.1.5 "矩形网格"工具

1. 拖动光标绘制矩形网格

选择"矩形网格"工具 ▦，在页面中需要的位置单击并按住鼠标左键不放，拖动光标到需要的位置，释放鼠标左键，绘制出一个矩形网格，效果如图 5-44 所示。

选择"矩形网格"工具 ▦，按住 Shift 键，在页面中需要的位置单击并按住鼠标左键不放，拖动光标到需要的位置，释放鼠标左键，绘制出一个正方形网格，效果如图 5-45 所示。

选择"矩形网格"工具 ▦，按住 ~ 键，在页面中需要的位置单击并按住鼠标左键不放，拖动光标到需要的位置，释放鼠标左键，绘制出多个矩形网格，效果如图 5-46 所示。

> **提示：**选择"矩形网格"工具 ▦，在页面中需要的位置单击并按住鼠标左键不放，拖动光标到需要的位置，再按住键盘上"方向"键中的"向上移动"键，可以增加矩形网格的行数。如果按住键盘上"方向"键中的"向下移动"键，则可以减少矩形网格的行数。此方法在"极坐标网格"工具 ⊛、"多边形"工具 ⬤、"星形"工具 ☆ 中同样适用。

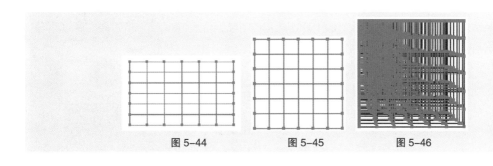

图 5-44　　　　　图 5-45　　　　　图 5-46

2. 精确绘制矩形网格

选择"矩形网格"工具 ，在页面中需要的位置单击，弹出"矩形网格工具选项"对话框，如图 5-47 所示。在对话框的"默认大小"选项组中，"宽度"选项可以设置矩形网格的宽度，"高度"选项可以设置矩形网格的高度；在"水平分隔线"选项组中，"数量"选项可以设置矩形网格中水平网格线的数量。"下、上方倾斜"选项可以设置水平网格的倾向；在"垂直分隔线"选项组中，"数量"选项可以设置矩形网格中垂直网格线的数量。"左、右方倾斜"选项可以设置垂直网格的倾向。设置完成后，单击"确定"按钮，得到图 5-48 所示的矩形网格。

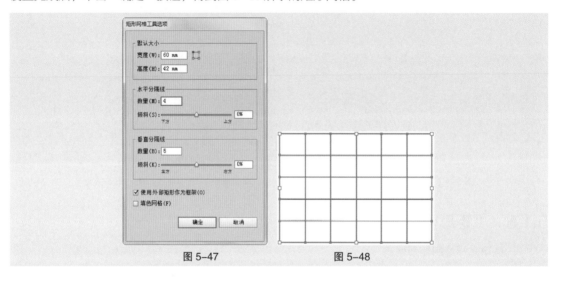

图 5-47　　　　　　　　　图 5-48

5.2　绘制基本图形

矩形、圆形、多边形和星形是最简单、最基本、最重要的图形。在 Illustrator CS6 中，"矩形"工具、"圆角矩形"工具、"椭圆"工具、"多边形"工具和"星形"工具的使用方法比较类似，通过使用这些工具，可以很方便地在绘图页面上拖动光标绘制出各种形状，还能够通过设置相应的对话框精确绘制图形。

5.2.1　课堂案例——绘制相机图标

【案例学习目标】学习使用基本图形工具绘制相机图标。

【案例知识要点】使用"圆角矩形"工具、"矩形"工具和"路径查找器"命令制作相机轮廓；使用"椭圆"工具、"缩放"命令和"填充"工具制作镜头；使用"直接选择"工具调整矩形的锚点。效果如图 5-49 所示。

扫码观看
扩展案例

图 5-49

1. 绘制机身和镜头

（1）按 Ctrl+N 组合键，新建一个文档，设置文档的宽度为 130 mm，高度为 130 mm，取向为竖向，颜色模式为 CMYK，单击"确定"按钮。

（2）选择"矩形"工具，绘制一个与页面大小相等的矩形，设置填充色为深灰色（0、0、0、85），填充图形，并设置描边色为无，效果如图 5-50 所示。按 Ctrl+2 组合键，锁定所选对象。

（3）选择"圆角矩形"工具，在页面中单击鼠标左键，弹出"圆角矩形"对话框，选项的设置如图 5-51 所示，单击"确定"按钮，出现一个圆角矩形。选择"选择"工具，拖动圆角矩形到适当的位置，效果如图 5-52 所示。

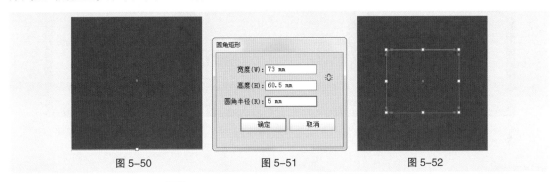

图 5-50　　　　　　　　图 5-51　　　　　　　　图 5-52

（4）选择"矩形"工具，在适当的位置绘制一个矩形，如图 5-53 所示。选择"窗口 > 路径查找器"命令，弹出"路径查找器"控制面板，单击"减去顶层"按钮，如图 5-54 所示。生成新的对象，效果如图 5-55 所示。

图 5-53　　　　　　　　图 5-54　　　　　　　　图 5-55

（5）保持图形的选取状态。设置填充色为浅蓝色（50、30、5、0），填充图形，并设置描边色为无，效果如图 5-56 所示。选择"矩形"工具，在适当的位置绘制一个矩形，设置填充色为蓝色（60、40、5、0），填充图形，并设置描边色为无，效果如图 5-57 所示。

（6）选择"选择"工具，按 Ctrl+C 组合键，复制矩形，按 Ctrl+F 组合键，将复制的矩形粘贴在前面。按住 Alt 键的同时，向下拖动矩形上边中间的控制手柄到适当的位置，调整其大小，填充图形为白色，效果如图 5-58 所示。

（7）选择"矩形"工具，在适当的位置绘制一个矩形，设置填充色为绿色（70、0、100、35），填充图形，并设置描边色为无，效果如图 5-59 所示。

（8）选择"选择"工具，按住 Alt+Shift 组合键的同时，水平向右拖动矩形到适当的位置，复制矩形；设置填充色为浅黄色（0、0、60、0），填充图形，效果如图 5-60 所示。按 Ctrl+D 组合键，再复制出一个矩形；设置填充色为红色（0、90、100、0），填充图形，效果如图 5-61 所示。

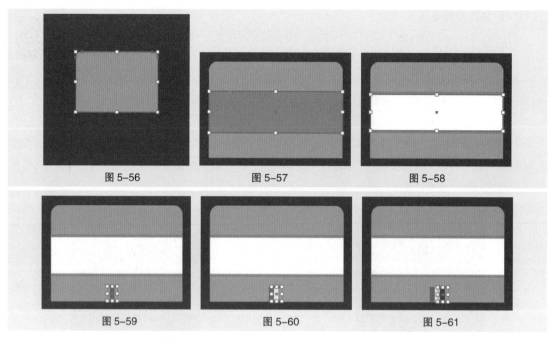

图 5-56 　　　　　　　图 5-57 　　　　　　　图 5-58

图 5-59 　　　　　　　图 5-60 　　　　　　　图 5-61

（9）选择"椭圆"工具 ，按住 Shift 键的同时，在适当的位置绘制一个圆形，填充图形为白色，并设置描边色为无，效果如图 5-62 所示。按 Ctrl+C 组合键，复制圆形，按 Ctrl+B 组合键，将复制的圆形粘贴在后面。设置填充色为深灰色（0、0、0、85），填充图形；按 Shift+↓组合键，微移图形，效果如图 5-63 所示。

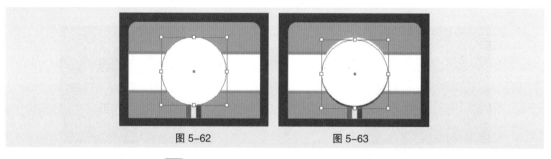

图 5-62 　　　　　　　　　　图 5-63

（10）选择"选择"工具 ，选取白色圆形，选择"对象 > 变换 > 缩放"命令，在弹出的"比例缩放"对话框中进行设置，如图 5-64 所示。单击"复制"按钮，设置填充色为灰色（50、40、30、0），填充图形，效果如图 5-65 所示。用相同的方法缩放并复制圆形，填充相应的颜色，效果如图 5-66 所示。

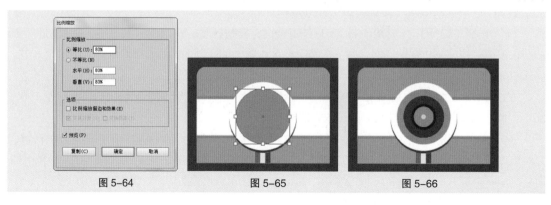

图 5-64 　　　　　　　图 5-65 　　　　　　　图 5-66

2. 绘制相机其他组件

（1）选择"圆角矩形"工具■，在页面中单击鼠标左键，弹出"圆角矩形"对话框，选项的设置如图5-67所示，单击"确定"按钮，出现一个圆角矩形。选择"选择"工具▶，拖动圆角矩形到适当的位置，设置填充色为淡蓝色（30、15、0、0），填充图形，并设置描边色为无，效果如图5-68所示。

（2）选择"矩形"工具■，在适当的位置绘制一个矩形，填充图形为黑色，并设置描边色为无，效果如图5-69所示。

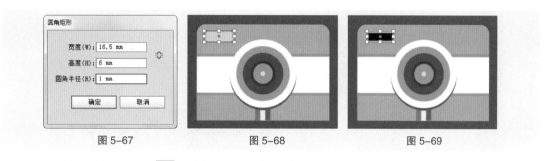

图5-67   图5-68   图5-69

（3）选择"椭圆"工具●，按住Shift键的同时，在适当的位置绘制一个圆形，设置填充色为淡蓝色（30、15、0、0），填充图形，并设置描边色为无，效果如图5-70所示。

（4）选择"选择"工具▶，按Ctrl+C组合键，复制图形，按Ctrl+F组合键，将复制的图形粘贴在前面。按住Alt+Shift组合键的同时，拖动右上角的控制手柄，等比例缩小图形；设置填充色为黄色（0、26、100、0），填充图形，如图5-71所示。用相同的方法再复制一个圆形，填充相应的颜色并调整其位置，效果如图5-72所示。

图5-70   图5-71   图5-72

（5）选择"矩形"工具■，在适当的位置绘制一个矩形，填充图形为黑色，并设置描边色为无，效果如图5-73所示。

（6）选择"选择"工具▶，按Ctrl+C组合键，复制矩形，按Ctrl+F组合键，将复制的矩形粘贴在前面。向上拖动矩形下边中间的控制手柄到适当的位置，调整其大小；设置填充色为淡灰色（0、0、0、75），填充图形，效果如图5-74所示。

（7）选择"直接选择"工具▷，选取左下角的锚点，并向右拖动锚点到适当的位置，效果如图5-75所示。用相同的方法调整右下角的锚点，效果如图5-76所示。

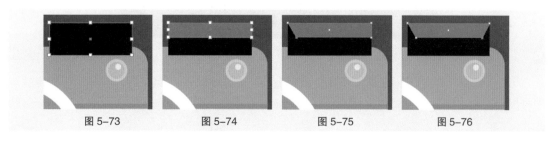

图5-73   图5-74   图5-75   图5-76

（8）选择"选择"工具 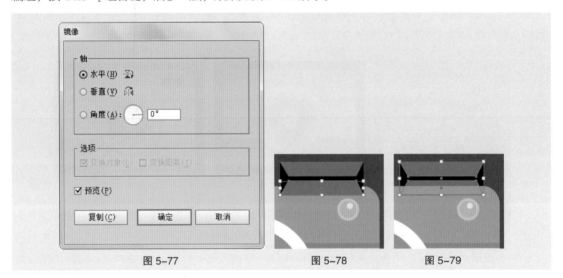，选取图形，双击"镜像"工具，弹出"镜像"对话框，选项的设置如图 5-77 所示，单击"复制"按钮，镜像并复制图形；选择"选择"工具，按住 Shift 键的同时，垂直向下拖动复制图形到适当的位置，效果如图 5-78 所示。

（9）选择"选择"工具，用框选的方法将所绘制的图形同时选取，按 Ctrl+G 组合键，将其编组，按 Ctrl+ [组合键，后移一层，效果如图 5-79 所示。

图 5-77　　　　　　　　　图 5-78　　　　　　图 5-79

（10）选择"矩形"工具，在适当的位置绘制一个矩形，设置填充色为海蓝色（100、86、0、40），填充图形，并设置描边色为无，效果如图 5-80 所示。

（11）选择"直接选择"工具，选取左下角的锚点，并向右拖动锚点到适当的位置，效果如图 5-81 所示。选取右下角的锚点，并向左拖动锚点到适当的位置，效果如图 5-82 所示。用相同的方法再绘制一个矩形，调整其锚点并填充相应的颜色，效果如图 5-83 所示。

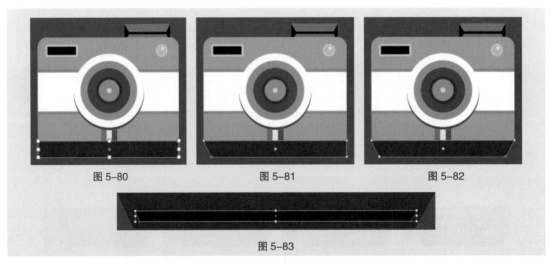

图 5-80　　　　　　　　图 5-81　　　　　　　　图 5-82

图 5-83

（12）选择"椭圆"工具，在适当的位置绘制一个椭圆形，如图 5-84 所示。设置填充色为浅黑色（0、0、0、90），填充图形，并设置描边色为无，效果如图 5-85 所示。相机图标绘制完成。

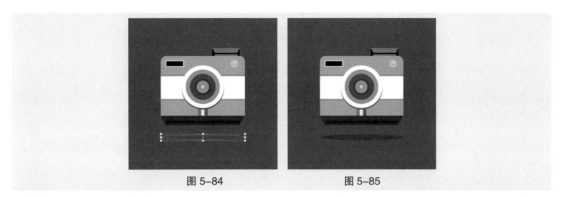

图 5-84 图 5-85

5.2.2 "矩形"工具

1. 使用光标绘制矩形

选择"矩形"工具 ▣，在页面中需要的位置单击并按住鼠标左键不放，拖动光标到需要的位置，释放鼠标左键，绘制出一个矩形，效果如图 5-86 所示。

选择"矩形"工具 ▣，按住 Shift 键，在页面中需要的位置单击并按住鼠标左键不放，拖动光标到需要的位置，释放鼠标左键，绘制出一个正方形，效果如图 5-87 所示。

选择"矩形"工具 ▣，按住 ~ 键，在页面中需要的位置单击并按住鼠标左键不放，拖动光标到需要的位置，释放鼠标左键，绘制出多个矩形，效果如图 5-88 所示。

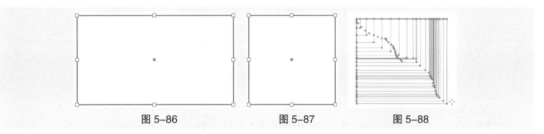

图 5-86 图 5-87 图 5-88

> **提示：** 选择"矩形"工具 ▣，按住 Alt 键，在页面中需要的位置单击并按住鼠标左键不放，拖动光标到需要的位置，释放鼠标左键，可以绘制一个以鼠标单击点为中心的矩形。
>
> 选择"矩形"工具 ▣，按住 Alt+Shift 组合键，在页面中需要的位置单击并按住鼠标左键不放，拖动光标到需要的位置，释放鼠标左键，可以绘制一个以鼠标单击点为中心的正方形。
>
> 选择"矩形"工具 ▣，在页面中需要的位置单击并按住鼠标左键不放，拖动光标到需要的位置，再按住 Space 键，可以暂停绘制工作而在页面上任意移动未绘制完成的矩形，释放 Space 键后可继续绘制矩形。
>
> 上述方法在"圆角矩形"工具 ▣、"椭圆"工具 ◉、"多边形"工具 ◉、"星形"工具 ☆ 中同样适用。

2. 精确绘制矩形

选择"矩形"工具 ▣，在页面中需要的位置单击，弹出"矩形"对话框，如图 5-89 所示。在对话框中，"宽度"选项可以设置矩形的宽度，"高度"选项可以设置矩形的高度。设置完成后，单击"确定"按钮，得到图 5-90 所示的矩形。

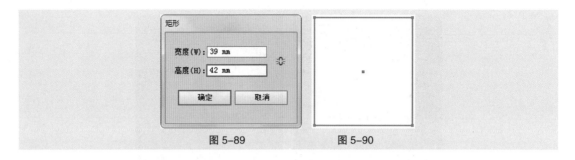

图 5-89 图 5-90

5.2.3 "圆角矩形"工具

1. 使用光标绘制圆角矩形

选择"圆角矩形"工具 ⬜，在页面中需要的位置单击并按住鼠标左键不放，拖动光标到需要的位置，释放鼠标左键，绘制出一个圆角矩形，效果如图 5-91 所示。

选择"圆角矩形"工具 ⬜，按住 Shift 键，在页面中需要的位置单击并按住鼠标左键不放，拖动光标到需要的位置，释放鼠标左键，可以绘制一个宽度和高度相等的圆角矩形，效果如图 5-92 所示。

选择"圆角矩形"工具 ⬜，按住 ~ 键，在页面中需要的位置单击并按住鼠标左键不放，拖动光标到需要的位置，释放鼠标左键，绘制出多个圆角矩形，效果如图 5-93 所示。

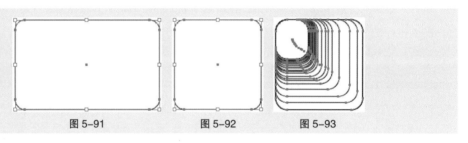

图 5-91 图 5-92 图 5-93

2. 精确绘制圆角矩形

选择"圆角矩形"工具 ⬜，在页面中需要的位置单击，弹出"圆角矩形"对话框，如图 5-94 所示。在对话框中，"宽度"选项可以设置圆角矩形的宽度，"高度"选项可以设置圆角矩形的高度，"圆角半径"选项可以控制圆角矩形中圆角半径的长度；设置完成后，单击"确定"按钮，得到图 5-95 所示的圆角矩形。

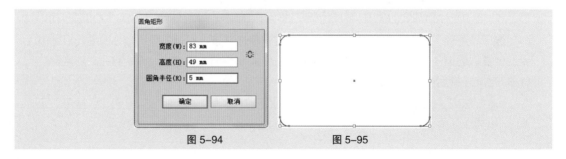

图 5-94 图 5-95

5.2.4 "椭圆"工具

1. 使用光标绘制椭圆形

选择"椭圆"工具 ⬭，在页面中需要的位置单击并按住鼠标左键不放，拖动光标到需要的位置，释放鼠标左键，绘制出一个椭圆形，如图 5-96 所示。

选择"椭圆"工具 ，按住 Shift 键，在页面中需要的位置单击并按住鼠标左键不放，拖动光标到需要的位置，释放鼠标左键，绘制出一个圆形，效果如图 5-97 所示。

选择"椭圆"工具 ，按住 ~ 键，在页面中需要的位置单击并按住鼠标左键不放，拖动光标到需要的位置，释放鼠标左键，可以绘制多个椭圆形，效果如图 5-98 所示。

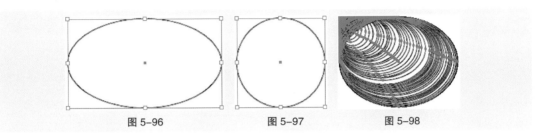

图 5-96　　　　　　　　图 5-97　　　　　　　　图 5-98

2. 精确绘制椭圆形

选择"椭圆"工具 ，在页面中需要的位置单击，弹出"椭圆"对话框，如图 5-99 所示。在对话框中，"宽度"选项可以设置椭圆形的宽度，"高度"选项可以设置椭圆形的高度。设置完成后，单击"确定"按钮，得到图 5-100 所示的椭圆形。

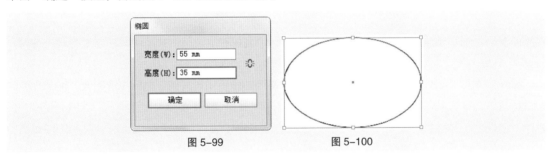

图 5-99　　　　　　　　　　图 5-100

5.2.5 "多边形"工具

1. 使用鼠标绘制多边形

选择"多边形"工具 ，在页面中需要的位置单击并按住鼠标左键不放，拖动光标到需要的位置，释放鼠标左键，绘制出一个多边形，如图 5-101 所示。

选择"多边形"工具 ，按住 Shift 键，在页面中需要的位置单击并按住鼠标左键不放，拖动光标到需要的位置，释放鼠标左键，绘制出一个正多边形，效果如图 5-102 所示。

选择"多边形"工具 ，按住 ~ 键，在页面中需要的位置单击并按住鼠标左键不放，拖动光标到需要的位置，释放鼠标左键，绘制出多个多边形，效果如图 5-103 所示。

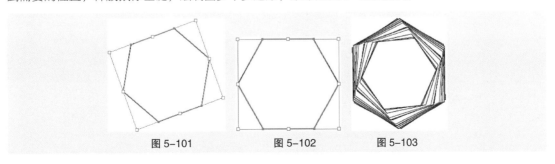

图 5-101　　　　　　　　图 5-102　　　　　　　　图 5-103

2. 精确绘制多边形

选择"多边形"工具 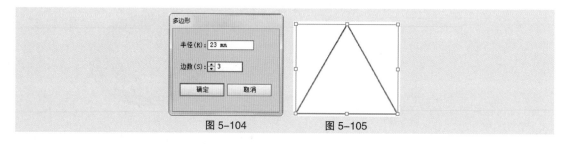，在页面中需要的位置单击，弹出"多边形"对话框，如图 5-104 所示。在对话框中，"半径"选项可以设置多边形的半径，半径指的是从多边形中心点到多边形顶点的距离，而中心点一般为多边形的重心；"边数"选项可以设置多边形的边数。设置完成后，单击"确定"按钮，得到图 5-105 所示的多边形。

图 5-104　　　　　　　　图 5-105

5.2.6 "星形"工具

1. 使用鼠标绘制星形

选择"星形"工具 ⭐，在页面中需要的位置单击并按住鼠标左键不放，拖动光标到需要的位置，释放鼠标左键，绘制出一个星形，效果如图 5-106 所示。

选择"星形"工具 ⭐，按住 Shift 键，在页面中需要的位置单击并按住鼠标左键不放，拖动光标到需要的位置，释放鼠标左键，绘制出一个正星形，效果如图 5-107 所示。

选择"星形"工具 ⭐，按住 ~ 键，在页面中需要的位置单击并按住鼠标左键不放，拖动光标到需要的位置，释放鼠标左键，绘制出多个星形，效果如图 5-108 所示。

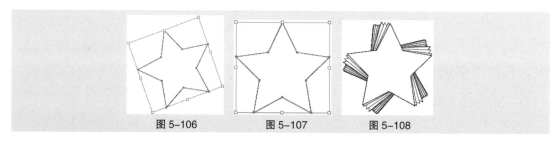

图 5-106　　　　　　图 5-107　　　　　　图 5-108

2. 精确绘制星形

选择"星形"工具 ⭐，在页面中需要的位置单击，弹出"星形"对话框，如图 5-109 所示。在对话框中，"半径 1"选项可以设置从星形中心点到各外部角顶点的距离，"半径 2"选项可以设置从星形中心点到各内部角端点的距离，"角点数"选项可以设置星形中的边角数量。设置完成后，单击"确定"按钮，得到图 5-110 所示的星形。

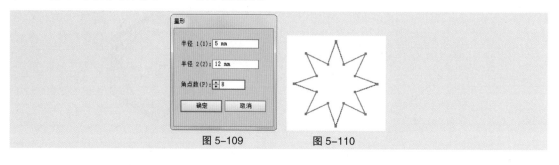

图 5-109　　　　　　　　图 5-110

5.3 编辑对象

在 Illustrator CS6 中编辑图形时，"路径查找器"控制面板是最常用的工具之一。它包含了一组功能强大的路径编辑命令。使用"路径查找器"控制面板可以将许多简单的路径经过特定的运算之后形成各种复杂的路径。

5.3.1 课堂案例——绘制天气图标

【案例学习目标】学习使用绘图工具、"路径查找器"控制面板绘制天气图标。

【案例知识要点】使用"椭圆工具"、"路径查找器"命令和"缩放"命令制作云彩；使用"圆角矩形"工具、"旋转"工具绘制雨滴。效果如图 5-111 所示。

扫码观看
本案例视频

扫码观看
扩展案例

图 5-111

（1）按 Ctrl+N 组合键，新建一个文档，设置文档的宽度为 150 mm，高度为 150 mm，取向为竖向，颜色模式为 CMYK，单击"确定"按钮。

（2）选择"矩形"工具，绘制一个与页面大小相等的矩形，设置填充色为蓝色（85、20、10、0），填充图形，并设置描边色为无，效果如图 5-112 所示。

（3）按 Ctrl+O 组合键，打开素材 01 文件，选择"选择"工具，选取需要的图形，按 Ctrl+C 组合键，复制图形。选择正在编辑的页面，按 Ctrl+V 组合键，将其粘贴到页面中，并拖动复制的图形到适当的位置，效果如图 5-113 所示。在属性栏中将"不透明度"选项设置为 40%，按 Enter 键确定操作，效果如图 5-114 所示。按 Ctrl+A 组合键，全选图形，按 Ctrl+2 组合键，锁定所选对象。

图 5-112

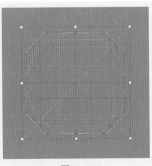

图 5-113

图 5-114

（4）选择"椭圆"工具 ◉，按住 Alt+Shift 组合键的同时，以规划线的中心位置为圆心绘制一个圆形，效果如图 5-115 所示。用相同的方法再绘制一个圆形，如图 5-116 所示。选择"选择"工具 ▶，按住 Alt+Shift 组合键的同时，水平向右拖动圆形到适当的位置，复制圆形，效果如图 5-117 所示。

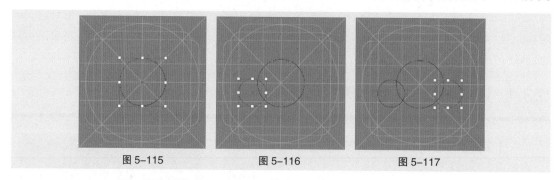

图 5-115　　　　　　　　　图 5-116　　　　　　　　　图 5-117

（5）选择"选择"工具 ▶，按住 Shift 键的同时，依次单击将所绘制的圆形同时选取，如图 5-118 所示。选择"窗口 > 路径查找器"命令，弹出"路径查找器"控制面板，单击"联集"按钮 ▣，如图 5-119 所示；生成新的对象，效果如图 5-120 所示。

图 5-118　　　　　　　　　图 5-119　　　　　　　　　图 5-120

（6）选择"对象 > 变换 > 缩放"命令，在弹出的"比例缩放"对话框中进行设置，如图 5-121 所示；单击"复制"按钮，效果如图 5-122 所示。

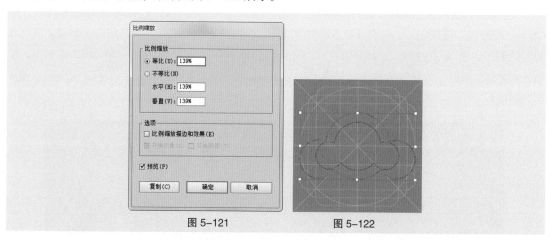

图 5-121　　　　　　　　　图 5-122

（7）选择"选择"工具 ▶，按住 Shift 键的同时，单击原图形将其同时选取，如图 5-123 所示。选择"路径查找器"控制面板，单击"差集"按钮 ▣，如图 5-124 所示；生成新的对象，效果如图 5-125 所示。

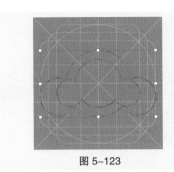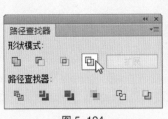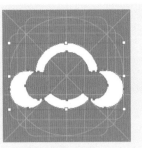

图 5-123　　　　　　　　　图 5-124　　　　　　　　　图 5-125

（8）选择"椭圆"工具 ，按住 Alt+Shift 组合键的同时，以规划线的交叉位置为圆心绘制一个圆形，填充图形为白色，并设置描边色为无，效果如图 5-126 所示。选择"选择"工具，按住 Shift 键的同时，垂直向下拖动圆形到适当的位置，效果如图 5-127 所示。

（9）选择"圆角矩形"工具，在页面中单击鼠标左键，弹出"圆角矩形"对话框，选项的设置如图 5-128 所示，单击"确定"按钮，出现一个圆角矩形。选择"选择"工具，拖动圆角矩形到适当的位置，填充图形为白色，并设置描边色为无，效果如图 5-129 所示。

图 5-126　　　　　　图 5-127　　　　　　图 5-128　　　　　　图 5-129

（10）选择"旋转"工具，按住 Alt 键的同时，在规划线的中心位置单击，如图 5-130 所示，弹出"旋转"对话框，选项的设置如图 5-131 所示，单击"复制"按钮，效果如图 5-132 所示。

图 5-130　　　　　　　　图 5-131　　　　　　　　图 5-132

（11）连续按 Ctrl+D 组合键，复制出多个图形，效果如图 5-133 所示。选择"选择"工具，按住 Shift 键的同时，依次单击选取不需要的图形，如图 5-134 所示。按 Delete 键将其删除，效果如图 5-135 所示。

（12）选择"选择"工具，选取左下角需要的图形，如图 5-136 所示，按住 Shift 键的同时，水平向右拖动图形到适当的位置，效果如图 5-137 所示。按住 Alt+Shift 组合键的同时，水平向右拖动图形到适当的位置，复制图形，效果如图 5-138 所示。

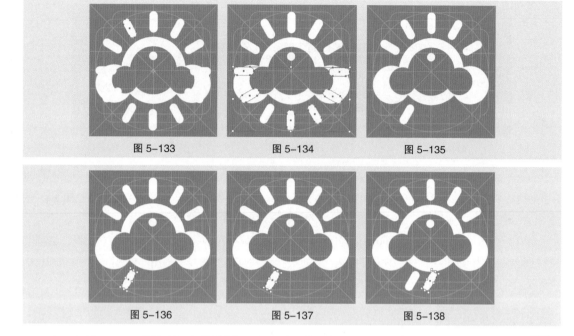

图 5-133　　　　　　　图 5-134　　　　　　　图 5-135

图 5-136　　　　　　　图 5-137　　　　　　　图 5-138

（13）按 Ctrl+D 组合键，再复制出一个图形，效果如图 5-139 所示。选择"选择"工具，按住 Shift 键的同时，依次单击将所绘制的图形同时选取，如图 5-140 所示。向下拖动图形到适当的位置，效果如图 5-141 所示。天气图标绘制完成。

图 5-139　　　　　　　图 5-140　　　　　　　图 5-141

5.3.2　"路径查找器"控制面板

选择"窗口 > 路径查找器"命令（组合键为 Shift+Ctrl+F9），弹出"路径查找器"控制面板，如图 5-142 所示。

1. 认识"路径查找器"控制面板的按钮

图 5-142

在"路径查找器"控制面板的"形状模式"选项组中有 5 个按钮，从左至右分别是"联集"按钮、"减去顶层"按钮、"交集"按钮、"差集"按钮和"扩展"按钮。前 4 个按钮可以通过不同的组合方式在多个图形间制作出对应的复合图形，而"扩展"按钮则可以把复合图形转变为复合路径。

在"路径查找器"选项组中有 6 个按钮，从左至右分别是"分割"按钮、"修边"按钮、"合并"按钮、"裁剪"按钮、"轮廓"按钮 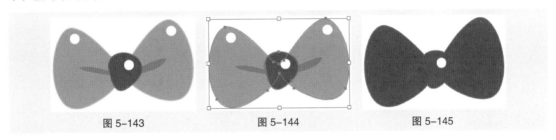 和"减去后方对象"按钮 。这组按钮主要是把对象分解成各个独立的部分，或删除对象中不需要的部分。

2. 使用"路径查找器"控制面板

（1）"联集"按钮 。在绘图页面中绘制两个图形对象，如图 5-143 所示。选中两个对象，如图 5-144 所示，单击"联集"按钮 ，从而生成新的对象，取消选取状态后的效果如图 5-145 所示。新对象的填充和描边属性与位于顶部的对象的填充和描边属性相同。

图 5-143　　　　　　　图 5-144　　　　　　　图 5-145

（2）"减去顶层"按钮 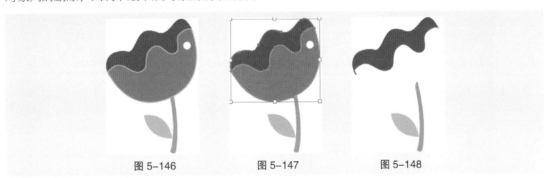。在绘图页面中绘制两个图形对象，如图 5-146 所示。选中这两个对象，如图 5-147 所示，单击"减去顶层"按钮 ，从而生成新的对象，取消选取状态后的效果如图 5-148 所示。"与形状区域相减"命令可以在最下层对象的基础上，将被上层对象挡住的部分和上层所有对象同时删除，只剩下最下层对象的剩余部分。

图 5-146　　　　　　　图 5-147　　　　　　　图 5-148

（3）"交集"按钮 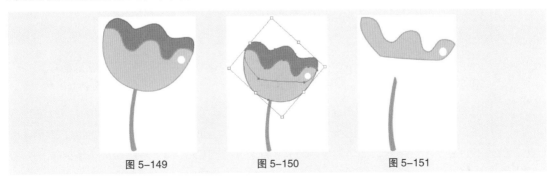。在绘图页面中绘制两个图形对象，如图 5-149 所示。选中这两个对象，如图 5-150 所示，单击"交集"按钮 ，从而生成新的对象，取消选取状态后的效果如图 5-151 所示。"与形状区域相交"命令可以将图形没有重叠的部分删除，而仅仅保留重叠部分。所生成的新对象的填充和描边属性与位于顶部的对象的填充和描边属性相同。

图 5-149　　　　　　　图 5-150　　　　　　　图 5-151

（4）"差集"按钮 。在绘图页面中绘制两个图形对象，如图 5-152 所示。选中这两个对象，如图 5-153 所示，单击"差集"按钮，从而生成新的对象，取消选取状态后的效果如图 5-154 所示。"排除重叠形状区域"命令可以删除对象间重叠的部分。所生成的新对象的填充和笔画属性与位于顶部的对象的填充和描边属性相同。

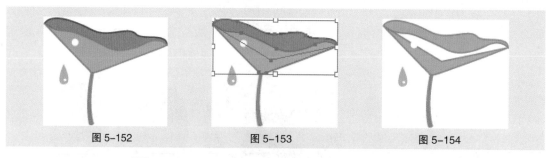

图 5-152   图 5-153   图 5-154

（5）"分割"按钮。在绘图页面中绘制两个图形对象，如图 5-155 所示。选中这两个对象，如图 5-156 所示，单击"分割"按钮，从而生成新的对象，取消编组并分别移动图像，取消选取状态后的效果如图 5-157 所示。"分割"命令可以分离相互重叠的图形，而得到多个独立的对象。所生成的新对象的填充和笔画属性与位于顶部的对象的填充和描边属性相同。

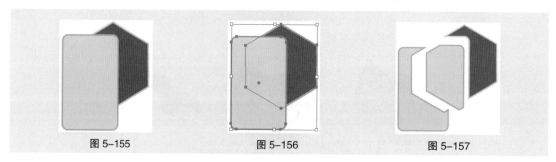

图 5-155   图 5-156   图 5-157

（6）"修边"按钮。在绘图页面中绘制两个图形对象，如图 5-158 所示。选中这两个对象，如图 5-159 所示，单击"修边"按钮，从而生成新的对象，取消编组并分别移动图像，取消选取状态后的效果如图 5-160 所示。"修边"命令对于每个单独的对象而言，均被裁减分成包含有重叠区域的部分和重叠区域之外的部分，新生成的对象保持原来的填充属性。

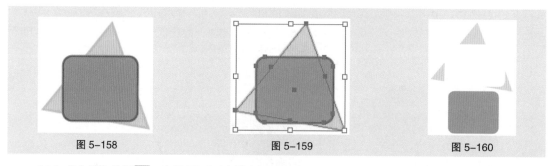

图 5-158   图 5-159   图 5-160

（7）"合并"按钮。在绘图页面中绘制两个图形对象，如图 5-161 所示。选中这两个对象，如图 5-162 所示，单击"合并"按钮，从而生成新的对象，取消编组并分别移动图像，取消选取状态后的效果如图 5-163 所示。如果对象的填充和描边属性都相同，"合并"命令将把所有的对象组成一个整体后合为一个对象，但对象的描边色将变为无；如果对象的填充和笔画属性都不相同，则"合并"命令就相当于"裁剪"按钮的功能。

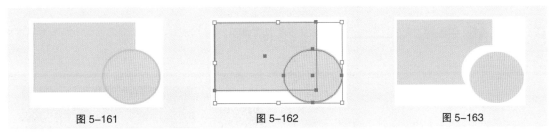

图 5-161　　　　　　　　　　　图 5-162　　　　　　　　　　　图 5-163

（8）"裁剪"按钮 ▣。在绘图页面中绘制两个图形对象，如图 5-164 所示。选中这两个对象，如图 5-165 所示，单击"裁剪"按钮 ▣，从而生成新的对象，取消选取状态后的效果如图 5-166 所示。"裁剪"命令的工作原理和蒙版相似，对重叠的图形来说，"裁剪"命令可以把所有放在最前面对象之外的图形部分裁剪掉，同时最前面的对象本身将消失。

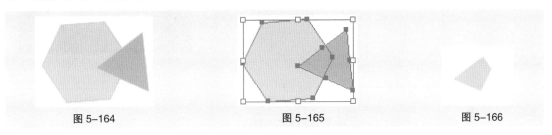

图 5-164　　　　　　　　　　　图 5-165　　　　　　　　　　　图 5-166

（9）"轮廓"按钮 ▣。在绘图页面中绘制两个图形对象，如图 5-167 所示。选中这两个对象，如图 5-168 所示，单击"轮廓"按钮 ▣，从而生成新的对象，取消选取状态后的效果如图 5-169 所示。"轮廓"命令勾勒出所有对象的轮廓。

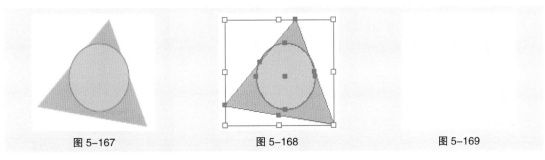

图 5-167　　　　　　　　　　　图 5-168　　　　　　　　　　　图 5-169

（10）"减去后方对象"按钮 ▣。在绘图页面中绘制两个图形对象，如图 5-170 所示。选中这两个对象，如图 5-171 所示，单击"减去后方对象"按钮 ▣，从而生成新的对象，取消选取状态后的效果如图 5-172 所示。"减去后方对象"命令可以使位于最底层的对象裁减去位于该对象之上的所有对象。

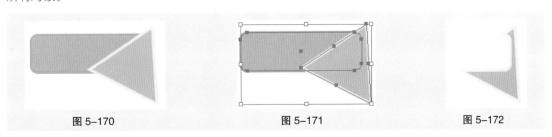

图 5-170　　　　　　　　　　　图 5-171　　　　　　　　　　　图 5-172

5.4 课堂练习——绘制圣诞帽

【练习知识要点】使用"直接选择"工具调整圆形的锚点；使用"矩形"工具、"星形"工具、"多边形"工具、"圆角矩形"工具和"椭圆"工具绘制圣诞帽。效果如图5-173所示。

扫码观看
本案例视频

图 5-173

5.5 课后习题——绘制校车

【习题知识要点】使用"圆角矩形"工具、"星形"工具、"椭圆"工具绘制图形；使用"镜像"工具制作图形对称效果。如图5-174所示。

扫码观看
本案例视频 1

扫码观看
本案例视频 2

图 5-174

第 6 章

06

高级绘图

▶ **本章介绍**

　　本章将讲解 Illustrator CS6 中手绘图形工具及其修饰方法，以及运用各种方法对路径进行绘制与编辑，并详细讲解符号的添加和对象的对齐与分布。认真学习本章的内容，可以掌握 Illustrator CS6 的手绘功能和强大的路径工具，以及控制对象等内容，使工作更加得心应手。

学习目标

● 掌握手绘工具的使用方法
● 掌握路径的绘制与编辑技巧
● 掌握符号的添加与编辑技巧
● 掌握编组与对齐对象的方法

技能目标

● 掌握"卡通人物"的绘制方法
● 掌握"可爱小鳄鱼"的绘制方法
● 掌握"汽车酒吧"的绘制方法
● 掌握"时尚插画"的绘制方法

慕课视频

高级绘图

6.1 手绘图形

Illustrator CS6 提供了"铅笔"工具和"画笔"工具，用户可以使用这些工具绘制种类繁多的图形和路径，还提供了"平滑"工具和"路径橡皮擦"工具来修饰绘制的图形和路径。

6.1.1 课堂案例——绘制卡通人物

【案例学习目标】学习使用"图形"工具和"画笔"面板绘制卡通人物。

【案例知识要点】使用多种绘图工具、填充工具绘制卡通人物；使用色板库填充图形；使用"钢笔"工具、"画笔"控制面板和填充工具制作帽子。效果如图 6-1 所示。

图 6-1

1. 绘制头部和五官

（1）按 Ctrl+N 组合键，新建一个 A4 文档。选择"矩形"工具 ，绘制一个与页面大小相等的矩形，设置填充色为绿色（60、6、66、0），填充图形，并设置描边色为无，效果如图 6-2 所示。按 Ctrl+2 组合键，锁定所选对象。

（2）选择"圆角矩形"工具 ，在页面中单击鼠标左键，弹出"圆角矩形"对话框，选项的设置如图 6-3 所示，单击"确定"按钮，出现一个圆角矩形。选择"选择"工具 ，拖动圆角矩形到适当的位置，填充图形为白色，并设置描边色为无，效果如图 6-4 所示。按 Ctrl+C 组合键，复制图形，按 Ctrl+F 组合键，将复制的图形粘贴在前面。

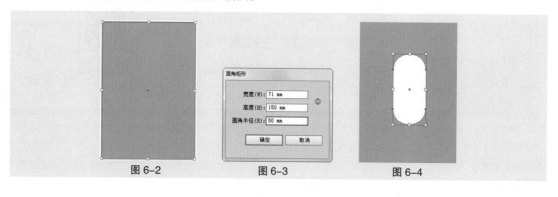

图 6-2   图 6-3   图 6-4

（3）选择"钢笔"工具 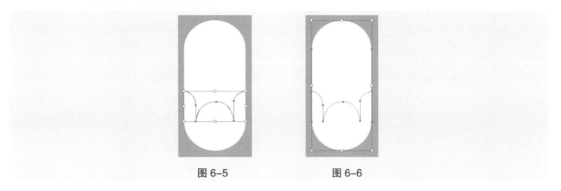，在适当的位置绘制一条曲线，如图 6-5 所示。选择"选择"工具 ，选取曲线，选择"对象 > 路径 > 分割下方对象"命令，生成新对象，效果如图 6-6 所示。按 Shift+Ctrl+G 组合键，取消图形编组。

图 6-5　　　　　　　　　图 6-6

（4）选择"选择"工具 ，选取上方图形，如图 6-7 所示，按 Delete 键将其删除。选取下方图形，如图 6-8 所示，将填充色和描边色均设为绿色（60、6、66、0），填充图形和描边；选择"窗口 > 描边"命令，弹出"描边"控制面板，单击"对齐描边"选项中的"使描边外侧对齐"按钮 ，其他选项的设置如图 6-9 所示；按 Enter 键确定操作，描边效果如图 6-10 所示。

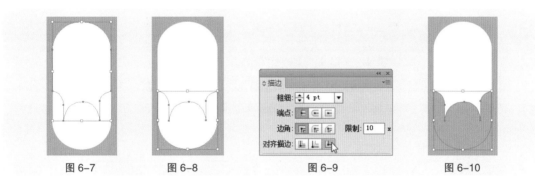

图 6-7　　　　图 6-8　　　　　图 6-9　　　　　图 6-10

（5）按 Ctrl+C 组合键，复制图形，按 Ctrl+F 组合键，将复制的图形粘贴在前面。将填充色和描边色均设置为无，如图 6-11 所示。选择"窗口 > 色板库 > 图案 > 基本图形 > 基本图形 – 点"命令，弹出"基本图形 – 点"控制面板，选择需要的色板，如图 6-12 所示，用色板填充图形，效果如图 6-13 所示。

图 6-11　　　　　　　图 6-12　　　　　　　图 6-13

（6）选择"窗口 > 透明度"命令，弹出"透明度"控制面板，将混合模式设置为"滤色"，如图 6-14 所示，效果如图 6-15 所示。

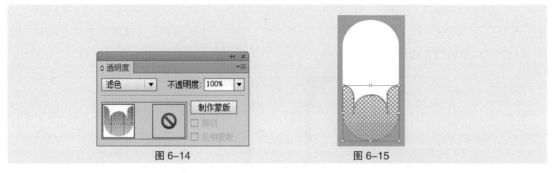

图 6-14　　　　　　　　　　　　　　图 6-15

（7）选择"圆角矩形"工具，在页面中单击鼠标左键，弹出"圆角矩形"对话框，选项的设置如图 6-16 所示，单击"确定"按钮，出现一个圆角矩形。选择"选择"工具，拖动圆角矩形到适当的位置，效果如图 6-17 所示。

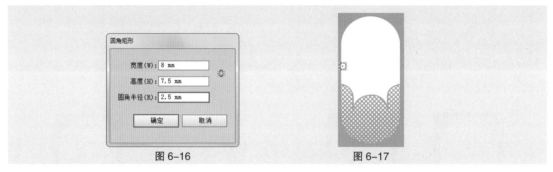

图 6-16　　　　　　　　　　　　　　图 6-17

（8）选择"直接选择"工具，按住 Shift 键的同时，依次单击选取右侧的锚点，如图 6-18 所示。按 Delete 键将其删除，如图 6-19 所示。选取需要的锚点，如图 6-20 所示。按 Ctrl+J 组合键，连接所选锚点，效果如图 6-21 所示。

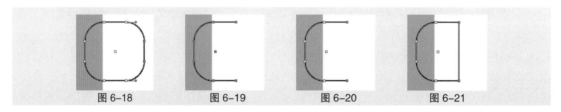

图 6-18　　　　　图 6-19　　　　　图 6-20　　　　　图 6-21

（9）选择"选择"工具，选取图形，设置填充色为绿色（60、6、66、0），填充图形；设置描边色为白色，选择"描边"控制面板，单击"对齐描边"选项中的"使描边外侧对齐"按钮，其他选项的设置如图 6-22 所示；按 Enter 键确定操作，描边效果如图 6-23 所示。

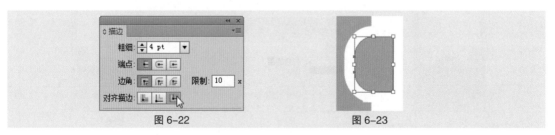

图 6-22　　　　　　　　　　　　　　图 6-23

（10）选择"矩形"工具，在适当的位置分别绘制 3 个矩形，如图 6-24 所示。选择"选择"工具，按住 Shift 键的同时，选取需要的矩形，设置填充色为绿色（60、6、66、0），填充图形，并设置描边色为无，效果如图 6-25 所示。

图 6-24　　　　　　　　　　　　　　图 6-25

（11）按 Ctrl+ [组合键，后移一层，效果如图 6-26 所示。选择"选择"工具，选取需要的矩形，填充图形为白色，并设置描边色为无，效果如图 6-27 所示。

图 6-26　　　　　　　　　　　　　　图 6-27

（12）选择"椭圆"工具，按住 Shift 键的同时，在适当的位置绘制一个圆形，如图 6-28 所示。选择"选择"工具，按 Ctrl+C 组合键，复制图形，按 Ctrl+F 组合键，将复制的图形粘贴在前面。按住 Alt+Shift 组合键的同时，拖动右上角的控制手柄，等比例缩小图形，效果如图 6-29 所示。

（13）选择"选择"工具，按住 Shift 键的同时，单击原图形将其同时选取，按 Ctrl+8 组合键，建立复合路径，填充图形为白色，并设置描边色为无，效果如图 6-30 所示。

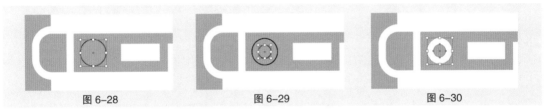

图 6-28　　　　　　　　　图 6-29　　　　　　　　　图 6-30

（14）选择"星形"工具，在页面中单击鼠标左键，弹出"星形"对话框，选项的设置如图 6-31 所示，单击"确定"按钮，出现一个星形。选择"选择"工具，拖动星形到适当的位置，设置填充色为绿色（60、6、66、0），填充图形，并设置描边色为无，效果如图 6-32 所示。

（15）选择"选择"工具，按住 Alt+Shift 组合键的同时，水平向右拖动星形到适当的位置，复制星形，效果如图 6-33 所示。

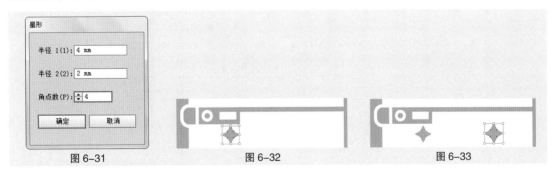

图 6-31　　　　　　　　　图 6-32　　　　　　　　　图 6-33

（16）选择"椭圆"工具，在适当的位置绘制一个椭圆形，填充图形为白色，并设置描边色为无，效果如图 6-34 所示。选择"圆角矩形"工具，在页面中单击鼠标左键，弹出"圆角矩形"对话框，选项的设置如图 6-35 所示，单击"确定"按钮，出现一个圆角矩形。选择"选择"工具，拖动圆角矩形到适当的位置，效果如图 6-36 所示。

图 6-34　　　　　　　　　　图 6-35　　　　　　　　　　图 6-36

（17）保持图形的选取状态。设置描边色为绿色（60、6、66、0），填充描边；在属性栏中将"描边粗细"选项设置为 5 pt，按 Enter 键确定操作，效果如图 6-37 所示。选择"直接选择"工具 ，单击选取需要的路径，如图 6-38 所示，按 Delete 键将其删除。用相同的方法选取并删除其他路径，效果如图 6-39 所示。

图 6-37　　　　　　　　　　图 6-38　　　　　　　　　　图 6-39

（18）选择"钢笔"工具 ，在适当的位置绘制一条曲线，如图 6-40 所示。选择"吸管"工具 ，将吸管图标 放置在下方圆角矩形上，如图 6-41 所示，单击鼠标左键吸取属性，效果如图 6-42 所示。

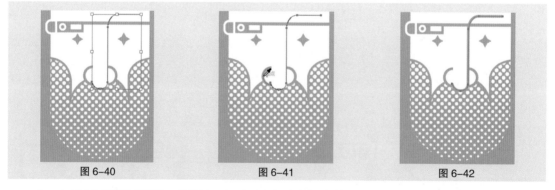

图 6-40　　　　　　　　　　图 6-41　　　　　　　　　　图 6-42

（19）选择"圆角矩形"工具 ，在页面中单击鼠标左键，弹出"圆角矩形"对话框，选项的设置如图 6-43 所示，单击"确定"按钮，出现一个圆角矩形。选择"选择"工具 ，拖动圆角矩形到适当的位置，效果如图 6-44 所示。

（20）保持图形的选取状态。填充图形为白色，并设置描边色为绿色（60、6、66、0），填充描边；在属性栏中将"描边粗细"选项设置为 4 pt，按 Enter 键确定操作，效果如图 6-45 所示。

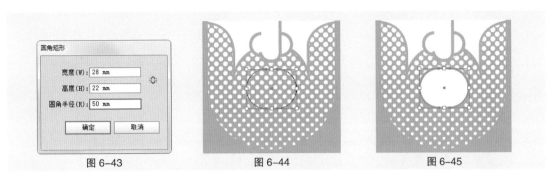

图 6-43　　　　　　　图 6-44　　　　　　　图 6-45

（21）选择"椭圆"工具⚪，按住 Shift 键的同时，在适当的位置绘制一个圆形，如图 6-46 所示。选择"吸管"工具🖊，将吸管图标🖊放置在下方圆角矩形上，如图 6-47 所示，单击鼠标左键吸取属性，效果如图 6-48 所示。

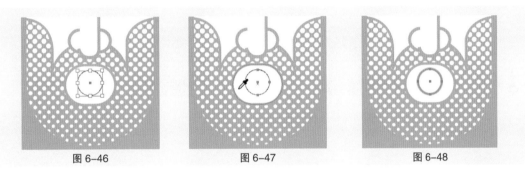

图 6-46　　　　　　　图 6-47　　　　　　　图 6-48

2．绘制衣帽及耳麦

（1）选择"钢笔"工具🖊，在适当的位置绘制一个不规则图形，填充描边为白色，并设置填充色为绿色（60、6、66、0），填充图形，效果如图 6-49 所示。

（2）选择"窗口 > 画笔"命令，弹出"画笔"控制面板，选择需要的画笔，如图 6-50 所示，用画笔为图形描边，效果如图 6-51 所示。

扫码观看
本案例视频 2

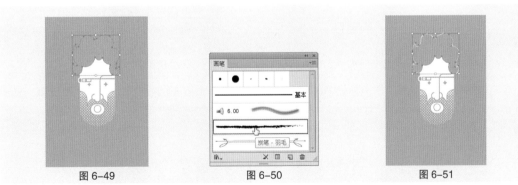

图 6-49　　　　　　　图 6-50　　　　　　　图 6-51

（3）按 Ctrl+O 组合键，打开素材 01 文件，选择"选择"工具▶，选取需要的图形，按 Ctrl+C 组合键，复制图形。选择正在编辑的页面，按 Ctrl+V 组合键，将其粘贴到页面中，并拖动复制的图形到适当的位置，效果如图 6-52 所示。

（4）选择"圆角矩形"工具⚪，在页面中单击鼠标左键，弹出"圆角矩形"对话框，选项的设置如图 6-53 所示，单击"确定"按钮，出现一个圆角矩形。选择"选择"工具▶，拖动圆角矩形到适当的位置，效果如图 6-54 所示。

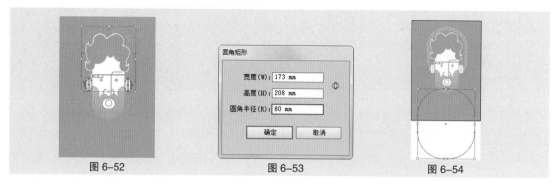

图 6-52　　　　　　　　　图 6-53　　　　　　　　　图 6-54

（5）选择"直接选择"工具，用框选的方法选取圆角矩形下方的锚点，如图 6-55 所示。按 Delete 键将其删除，如图 6-56 所示。

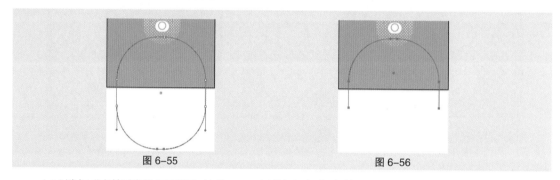

图 6-55　　　　　　　　　　　　　　图 6-56

（6）选择"直接选择"工具，按住 Shift 键的同时，依次单击选取下方的锚点，如图 6-57 所示。按 Ctrl+J 组合键，连接所选锚点，如图 6-58 所示。

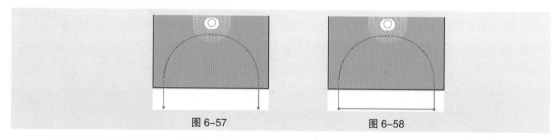

图 6-57　　　　　　　　　　　　　　图 6-58

（7）选择"直接选择"工具，按住 Shift 键的同时，垂直向上拖动锚点到适当的位置，如图 6-59 所示。填充描边为白色，并在属性栏中将"描边粗细"选项设置为 4 pt，按 Enter 键确定操作，效果如图 6-60 所示。

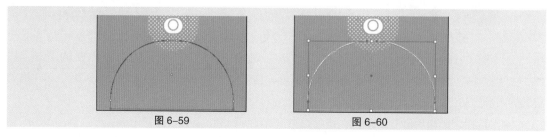

图 6-59　　　　　　　　　　　　　　图 6-60

（8）选择"钢笔"工具，在适当的位置绘制一条折线，填充描边为白色，并在属性栏中将"描边粗细"选项设置为 4 pt，按 Enter 键确定操作，效果如图 6-61 所示。选择"选择"工具 ⬀，按住 Shift 键的同时，单击下方白色圆角矩形将其同时选取，连续按 Ctrl+ [组合键，将图形向后移至适当的位置，效果如图 6-62 所示。

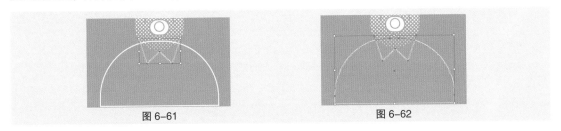

图 6-61　　　　　　　　　图 6-62

（9）选择"直线段"工具 ⬚，按住 Shift 键的同时，在适当的位置绘制一条竖线，填充描边为白色，并在属性栏中将"描边粗细"选项设置为 4 pt，按 Enter 键确定操作，效果如图 6-63 所示。

（10）选择"选择"工具 ⬀，按住 Alt+Shift 组合键的同时，水平向右拖动竖线到适当的位置，复制竖线，效果如图 6-64 所示。卡通人物绘制完成，效果如图 6-65 所示。

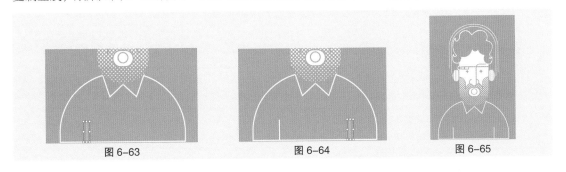

图 6-63　　　　　　　图 6-64　　　　　　　图 6-65

6.1.2 　"铅笔"工具

使用"铅笔"工具 ✐ 可以随意绘制出自由的曲线路径，在绘制过程中 Illustrator CS6 会自动依据光标的轨迹来设定节点而生成路径。使用"铅笔"工具既可以绘制闭合路径，又可以绘制开放路径，还可以将已经存在的曲线节点作为起点，延伸绘制出新的曲线，从而达到修改曲线的目的。

选择"铅笔"工具 ✐，在页面中需要的位置单击并按住鼠标左键不放，拖动光标到需要的位置，可以绘制一条路径，如图 6-66 所示。释放鼠标左键，绘制出的效果如图 6-67 所示。

选择"铅笔"工具 ✐，在页面中需要的位置单击并按住鼠标左键，拖动光标到需要的位置，按住 Alt 键，如图 6-68 所示，释放鼠标左键，可以绘制一条闭合的曲线，如图 6-69 所示。

图 6-66　　　　　图 6-67　　　　　图 6-68　　　　　图 6-69

绘制一个闭合的图形并选中这个图形，再选择"铅笔"工具 ✐，在闭合图形上的两个节点之间拖动，如图 6-70 所示。可以修改图形的形状，释放鼠标左键，得到的图形效果如图 6-71 所示。

图 6-70   图 6-71

双击"铅笔"工具 ✐，弹出"铅笔工具选项"对话框，如图 6-72 所示。在对话框的"容差"选项组中，"保真度"选项可以调节绘制曲线上的点的精确度，"平滑度"选项可以调节绘制曲线的平滑度。在"选项"选项组中，勾选"填充新铅笔描边"复选框，如果当前设置了填充颜色，绘制出的路径将使用该颜色；勾选"保持选定"复选框，绘制的曲线处于被选取状态；勾选"编辑所选路径"复选框，"铅笔"工具可以对选中的路径进行编辑。

6.1.3 "画笔"工具

"画笔"工具可以用来绘制样式繁多的精美线条和图形，以及风格迥异的图像。调节不同的刷头还可以达到不同的绘制效果。

选择"画笔"工具 ✐，再选择"窗口 > 画笔"命令，弹出"画笔"控制面板，如图 6-73 所示。在控制面板中选择任意一种画笔样式。在页面中需要的位置单击并按住鼠标左键不放，向右拖动光标进行线条的绘制，释放鼠标左键，线条绘制完成，如图 6-74 所示。

图 6-72

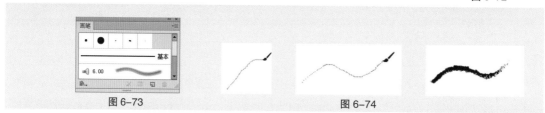

图 6-73   图 6-74

选取绘制的线条，如图 6-75 所示，选择"窗口 > 描边"命令，弹出"描边"控制面板，在控制面板中的"粗细"选项中选择或设置需要的描边大小，如图 6-76 所示，线条的效果如图 6-77 所示。

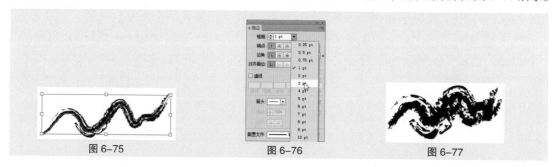

图 6-75   图 6-76   图 6-77

双击"画笔"工具 ✐，弹出"画笔工具选项"对话框，如图 6-78 所示。在对话框的"容差"选项组中，"保真度"选项可以调节绘制曲线上的点的精确度，"平滑度"选项可以调节绘制曲线的平滑度。在"选项"选项组中，勾选"填充新画笔描边"复选框，则每次使用"画笔"工具绘制图形时，系统都会自动地以默认颜色来填充对象的笔画；勾选"保持选定"复选框，绘制的曲线处于被选取状态；勾选"编辑所选路径"复选框，"画笔"工具可以对选中的路径进行编辑。

图 6-78

6.1.4 "画笔"控制面板

选择"窗口 > 画笔"命令，弹出"画笔"控制面板。在"画笔"控制面板中包含许多内容，下面进行详细讲解。

1. 画笔类型

Illustrator CS6 包括 5 种类型的画笔，即散点画笔、书法画笔、毛刷画笔、图案画笔和艺术画笔。

（1）散点画笔。单击"画笔"控制面板右上角的图标 ≡，将弹出其下拉菜单，在系统默认状态下"显示散点画笔"命令为灰色，选择"打开画笔库"命令，弹出子菜单，如图 6-79 所示。在弹出的菜单中选择任意一种散点画笔，弹出相应的控制面板，如图 6-80 所示。在控制面板中单击画笔，画笔就被加载到"画笔"控制面板中，如图 6-81 所示。选择任意一种散点画笔，再选择"画笔"工具 ，用鼠标在页面上连续单击或进行拖动，就可以绘制出需要的图像，效果如图 6-82 所示。

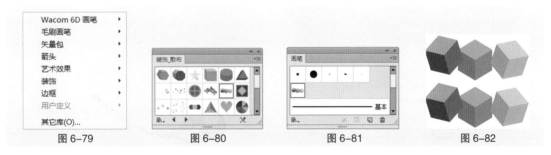

图 6-79　　　　图 6-80　　　　图 6-81　　　　图 6-82

（2）书法画笔。在系统默认状态下，书法画笔为显示状态，"画笔"控制面板的第 1 排为书法画笔，如图 6-83 所示。选择任意一种书法画笔，选择"画笔"工具 ，在页面中需要的位置单击并按住鼠标左键不放，拖动光标进行线条的绘制，释放鼠标左键，线条绘制完成，效果如图 6-84 所示。

图 6-83　　　　　　　图 6-84

（3）毛刷画笔。在系统默认状态下，毛刷画笔为显示状态，"画笔"控制面板的第 3 排为毛刷画笔，如图 6-85 所示。选择"画笔"工具 ，在页面中需要的位置单击并按住鼠标左键不放，拖动光标进行线条的绘制，释放鼠标左键，线条绘制完成，效果如图 6-86 所示。

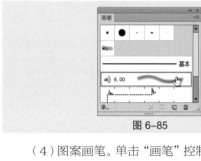

图 6-85　　　　　　　　　　　　　　　　图 6-86

（4）图案画笔。单击"画笔"控制面板右上角的图标，将弹出其下拉菜单，选择"打开画笔库"命令，在弹出的菜单中选择任意一种图案画笔，弹出相应的控制面板，如图 6-87 所示。在控制面板中单击画笔，画笔就被加载到"画笔"控制面板中了，如图 6-88 所示。选择任意一种图案画笔，再选择"画笔"工具，用鼠标在页面上连续单击或进行拖动，就可以绘制出需要的图像，效果如图 6-89所示。

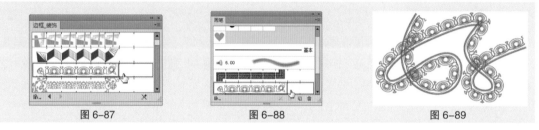

图 6-87　　　　　　　　图 6-88　　　　　　　　图 6-89

（5）艺术画笔。在系统默认状态下，艺术画笔为显示状态，"画笔"控制面板的图案画笔以下为艺术画笔，如图 6-90 所示。选择任意一种艺术画笔，选择"画笔"工具，在页面中需要的位置单击并按住鼠标左键不放，拖动光标进行线条的绘制，释放鼠标左键，线条绘制完成，效果如图 6-91所示。

图 6-90　　　　　　　　　　　　　　　　图 6-91

2．更改画笔类型

选中想要更改画笔类型的图像，如图 6-92 所示，在"画笔"控制面板中单击需要的画笔样式，如图 6-93 所示，更改画笔后的图像效果如图 6-94 所示。

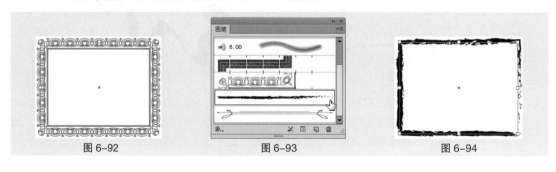

图 6-92　　　　　　　　图 6-93　　　　　　　　图 6-94

3.　"画笔"控制面板的按钮

"画笔"控制面板下面有 4 个按钮，从左到右依次是"移去画笔描边"按钮 $\boxed{\times}$、"所选对象的选项"按钮 $\boxed{\blacksquare}$、"新建画笔"按钮 $\boxed{\square}$ 和"删除画笔"按钮 $\boxed{\blacksquare}$。

"移去画笔描边"按钮 $\boxed{\times}$：可以将当前被选中的图形上的描边删除，而留下原始路径。

"所选对象的选项"按钮 $\boxed{\blacksquare}$：可以打开应用到被选中图形上的画笔的选项对话框，在对话框中编辑画笔。

"新建画笔"按钮 $\boxed{\square}$：可以创建新的画笔。

"删除画笔"按钮 $\boxed{\blacksquare}$：可以删除选定的画笔样式。

4.　"画笔"控制面板的下拉式菜单

单击"画笔"控制面板右上角的图标 $\boxed{\text{≡}}$，弹出其下拉菜单，如图 6-95 所示。

"新建画笔"命令、"删除画笔"命令、"移去画笔描边"命令和"所选对象的选项"命令与相应的按钮功能是一样的。执行"复制画笔"命令可以复制选定的画笔。执行"选择所有未使用的画笔"命令将选中在当前文档中还没有使用过的所有画笔。执行"列表视图"命令可以将所有的画笔类型以列表的方式按照名称顺序排列，在显示小图标的同时还可以显示画笔的种类，如图 6-96 所示。执行"画笔选项"命令可以打开相关的选项对话框对画笔进行编辑。

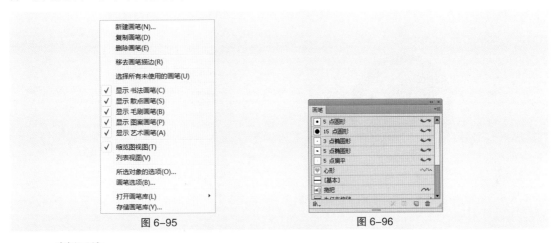

图 6-95　　　　　　　　　　图 6-96

5.　编辑画笔

Illustrator CS6 提供了对画笔编辑的功能，如改变画笔的外观、大小、颜色、角度及箭头方向等。对于不同的画笔类型，编辑的参数也有所不同。

选中"画笔"控制面板中需要编辑的画笔，如图 6-97 所示。单击控制面板右上角的图标 $\boxed{\text{≡}}$，在弹出式菜单中选择"画笔选项"命令，弹出"散点画笔选项"对话框，如图 6-98 所示。该对话框中的"名称"选项可以设定画笔的名称；"大小"选项可以设定画笔图案与原图案之间比例大小的范围；"间距"选项可以设定"画笔"工具 $\boxed{\diagup}$ 在绘图时沿路径分布的图案之间的距离；"分布"选项可以设定路径两侧分布的图案之间的距离；"旋转"选项可以设定各个画笔图案的旋转角度；"旋转相对于"选项可以设定画笔图案是相对于"页面"还是相对于"路径"来旋转；"着色"选项组中的"方法"选项可以设置着色的方法；"主色"选项后的吸管工具可以选择颜色，其后的色块即是所选择的颜色；单击"提示"按钮 $\boxed{\text{i}}$，弹出"着色提示"对话框，如图 6-99 所示。设置完成后，单击"确定"按钮，即可完成画笔的编辑。

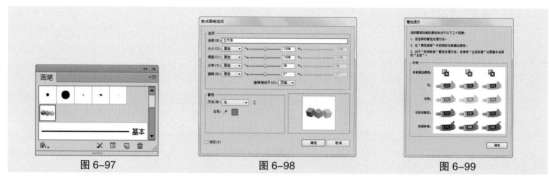

图 6-97   图 6-98   图 6-99

6. 自定义画笔

Illustrator CS6 除了利用系统预设的画笔类型和编辑已有的画笔外，还可以使用自定义的画笔。不同类型的画笔，定义的方法类似。如果新建散点画笔，那么作为散点画笔的图形对象中就不能包含有图案、渐变填充等属性。如果新建书法画笔和艺术画笔，就不需要事先制作好图案，只要在其相应的画笔选项对话框中进行设定即可。

选中想要制作成为画笔的对象，如图 6-100 所示。单击"画笔"控制面板下面的"新建画笔"按钮 ，或选择控制面板右上角的按钮 ，在弹出式菜单中选择"新建画笔"命令，弹出"新建画笔"对话框，如图 6-101 所示。

图 6-100   图 6-101

选择"图案画笔"单选项，单击"确定"按钮，弹出"图案画笔选项"对话框，如图 6-102 所示。在对话框中，"名称"选项用于设置图案画笔的名称；"缩放"选项用于设置图案画笔的缩放比例；"间距"选项用于设置图案之间的间距； 选项用于设置画笔的外角拼贴、边线拼贴、内角拼贴、起点拼贴和终点拼贴；"翻转"选项组用于设置图案的翻转方向；"适合"选项组用于设置图案与图形的适合关系；"着色"选项组用于设置图案画笔的着色方法和主色调。单击"确定"按钮，制作的画笔将自动添加到"画笔"控制面板中，如图 6-103 所示。使用新定义的画笔可以在绘图页面上绘制图形，如图 6-104 所示。

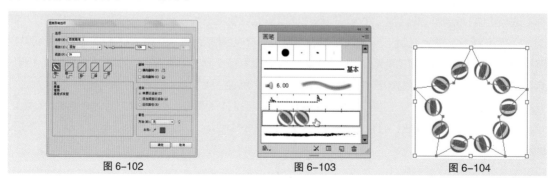

图 6-102   图 6-103   图 6-104

6.2 绘制与编辑路径

6.2.1 课堂案例——绘制可爱小鳄鱼

【案例学习目标】学习使用"钢笔"工具和"画笔"面板绘制可爱小鳄鱼。

【案例知识要点】使用"矩形"工具、"直线段"工具、"旋转"工具绘制背景；使用"钢笔"工具、"椭圆"工具、"直线段"工具、"画笔"控制面板和"填充"工具绘制小鳄鱼。效果如图 6-105 所示。

扫码观看
扩展案例

图 6-105

1. 绘制背景

（1）按 Ctrl+N 组合键，新建一个文档，设置文档的宽度为 297 mm，高度为 210 mm，取向为横向，颜色模式为 CMYK，单击"确定"按钮。

扫码观看
本案例视频 1

（2）选择"矩形"工具▢，绘制一个与页面大小相等的矩形，如图 6-106 所示。设置填充色为橘黄色（0、40、85、0），填充图形，并设置描边色为无，效果如图 6-107 所示。

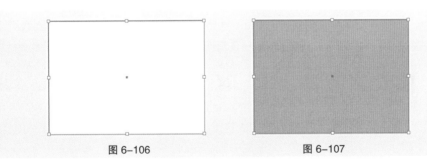

图 6-106　　　　　　　　　　　　　图 6-107

（3）选择"直线段"工具╱，按住 Shift 键的同时，在页面外绘制一条直线，如图 6-108 所示。设置描边色为浅黄色（0、45、85、0），填充描边，效果如图 6-109 所示。

图 6-108　　　　　　　　　　　　图 6-109

（4）选择"窗口 > 描边"命令，弹出"描边"控制面板，单击"端点"选项中的"圆头端点"按钮▣，其他选项的设置如图 6-110 所示，效果如图 6-111 所示。

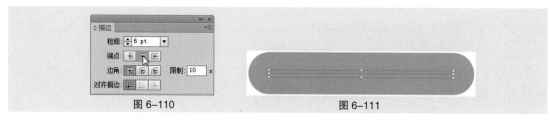
图 6-110　　　　　　　　　　　　　　图 6-111

（5）双击"旋转"工具◎，弹出"旋转"对话框，选项的设置如图 6-112 所示；单击"复制"按钮，复制并旋转图形，效果如图 6-113 所示。

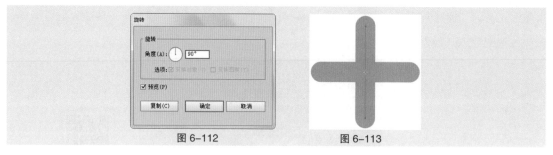
图 6-112　　　　　　　　　　　图 6-113

（6）选择"选择"工具▶，按住 Shift 键的同时，单击原图形将其同时选取，如图 6-114 所示。双击"旋转"工具◎，弹出"旋转"对话框，选项的设置如图 6-115 所示；单击"确定"按钮，效果如图 6-116 所示。

图 6-114　　　　　　　　图 6-115　　　　　　　　图 6-116

（7）选择"选择"工具▶，按住 Alt+Shift 组合键的同时，水平向右拖动图形到适当的位置，复制图形，效果如图 6-117 所示。连续按 Ctrl+D 组合键，复制出多个图形，效果如图 6-118 所示。

图 6-117　　　　　　　　　　　　　图 6-118

（8）选择"选择"工具▶，用框选的方法将复制的图形同时选取，按住 Alt+Shift 组合键的同时，垂直向下拖动图形到适当的位置，复制图形，效果如图 6-119 所示。连续按 Ctrl+D 组合键，复制出多个图形，效果如图 6-120 所示。

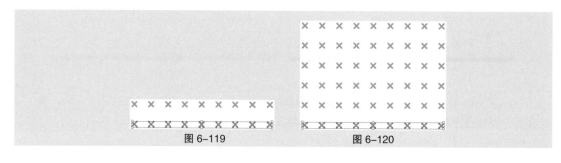
图 6-119　　　　　　　　　　　　图 6-120

（9）选择"选择"工具 ，用框选的方法将所绘制的图形同时选取，按 Ctrl+G 组合键，将其编组，如图 6-121 所示。拖动编组图形到页面中适当的位置，效果如图 6-122 所示。按 Ctrl+A 组合键，全选图形，按 Ctrl+2 组合键，锁定所选对象。

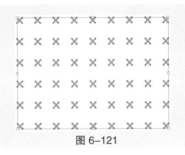
图 6-121

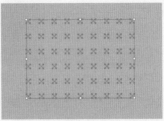
图 6-122

2. 绘制小鳄鱼

（1）选择"钢笔"工具，在适当的位置绘制一个不规则图形，如图 6-123 所示。设置填充色为海蓝色（85、45、50、0），填充图形，并设置描边色为无，效果如图 6-124所示。

扫码观看
本案例视频 2

图 6-123

图 6-124

（2）选择"椭圆"工具，在适当的位置分别绘制椭圆形，如图 6-125 所示。选择"选择"工具，用框选的方法将所绘制的椭圆形同时选取，设置填充色为深蓝色（90、60、50、0），填充图形，并设置描边色为无，效果如图 6-126 所示。

（3）选择"选择"工具，选取下方浅海蓝色图形，按 Ctrl+C 组合键，复制图形，按 Shift+Ctrl+V 组合键，就地粘贴图形，如图 6-127 所示。按住 Shift 键的同时，依次单击深蓝色椭圆形将其同时选取，按 Ctrl+7 组合键，建立剪切蒙版，效果如图 6-128 所示。

图 6-125

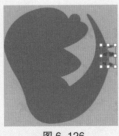
图 6-126

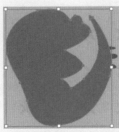
图 6-127

图 6-128

（4）选择"多边形"工具，在页面中单击鼠标左键，弹出"多边形"对话框，选项的设置如图 6-129 所示，单击"确定"按钮，出现一个三角形。选择"选择"工具，拖动三角形到适当的位置，设置填充色为墨绿色（90、55、88、25），填充图形，并设置描边色为无，效果如图 6-130所示。拖动右上角的控制手柄，调整三角形的角度，效果如图 6-131 所示。

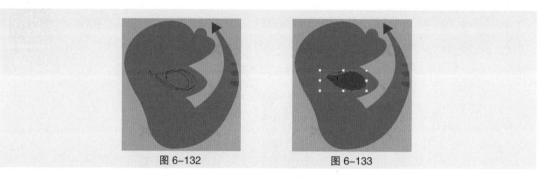

图 6-129　　　　　　　图 6-130　　　　　　　图 6-131

（5）选择"钢笔"工具 ，在适当的位置分别绘制不规则图形，如图 6-132 所示。选择"选择"工具 ，选取需要的图形，设置填充色为紫色（88、70、42、5），填充图形，并设置描边色为无，效果如图 6-133 所示。

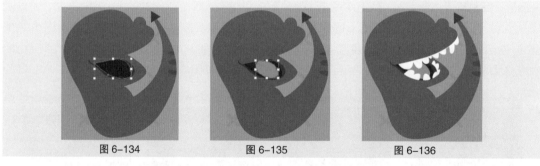

图 6-132　　　　　　　　　图 6-133

（6）选择"选择"工具 ，选取需要的图形，设置填充色为蓝色（95、80、52、20），填充图形，并设置描边色为无，效果如图 6-134 所示。选取需要的图形，设置填充色为粉色（8、50、50、0），填充图形，并设置描边色为无，效果如图 6-135 所示。用相同的方法绘制牙齿图形，效果如图 6-136 所示。

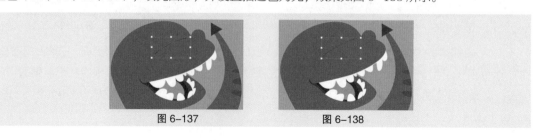

图 6-134　　　　　　　图 6-135　　　　　　　图 6-136

（7）选择"钢笔"工具 ，在适当的位置绘制一条曲线，如图 6-137 所示。设置描边色为深蓝色（90、75、55、15），填充图形，并设置描边色为无，效果如图 6-138 所示。

图 6-137　　　　　　　　　图 6-138

（8）选择“窗口 > 画笔库 > 艺术效果 > 艺术效果 _ 粉笔炭笔铅笔”命令，弹出“艺术效果 _ 粉笔炭笔铅笔”控制面板，选择需要的画笔，如图 6-139 所示，用画笔为直线描边，效果如图 6-140 所示。用相同的方法绘制其他曲线并填充相应的笔刷，效果如图 6-141 所示。

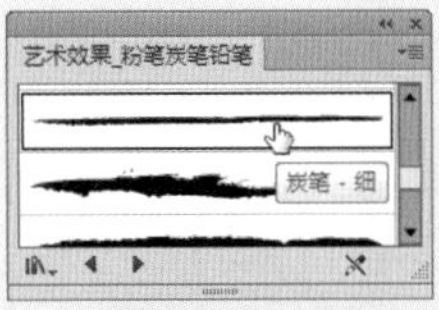

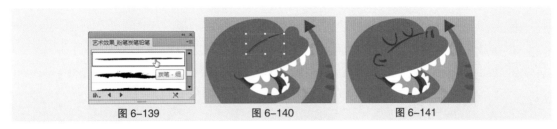

图 6-139

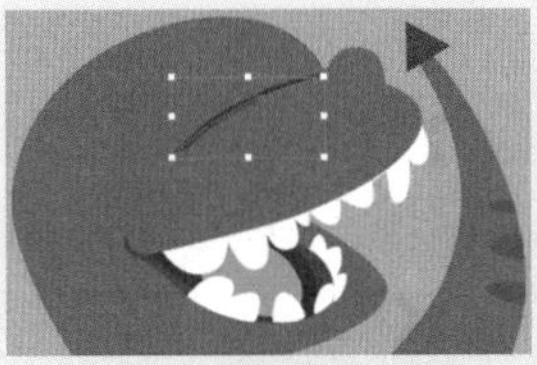
图 6-140

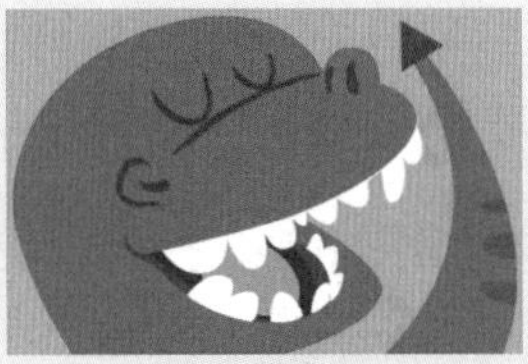
图 6-141

（9）选择“椭圆”工具，在适当的位置分别绘制椭圆形，如图 6-142 所示。选择“选择”工具，按住 Shift 键的同时，将所绘制的椭圆形同时选取，设置填充色为墨绿色（90、55、88、25），填充图形，并设置描边色为无，效果如图 6-143 所示。

（10）选择“钢笔”工具，在适当的位置绘制一个不规则图形，如图 6-144 所示。将填充色和描边色均设为墨绿色（90、55、88、25），填充图形和描边，效果如图 6-145 所示。

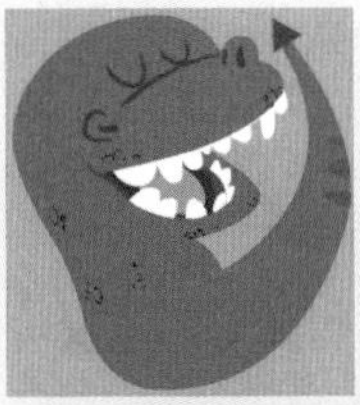
图 6-142

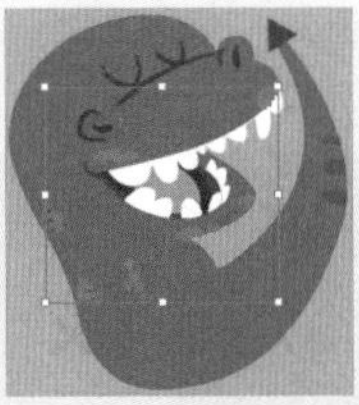
图 6-143

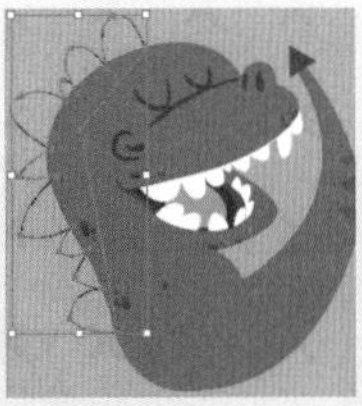
图 6-144

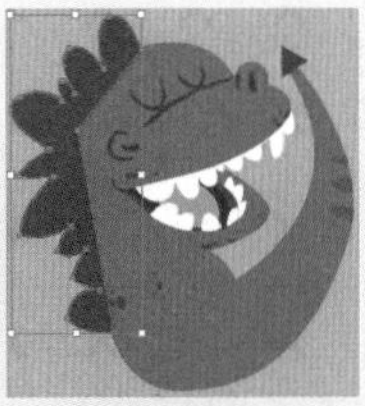
图 6-145

（11）在“艺术效果 _ 粉笔炭笔铅笔”控制面板中，选择需要的画笔，如图 6-146 所示，用画笔为直线描边，效果如图 6-147 所示。连续按 Ctrl+［组合键，将图形向后移至适当的位置，效果如图 6-148 所示。

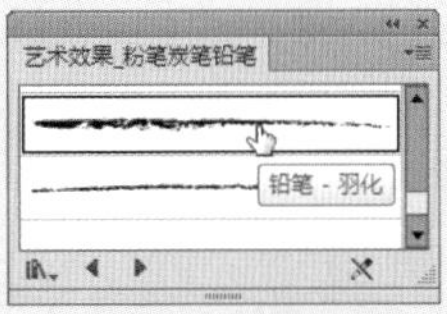

图 6-146

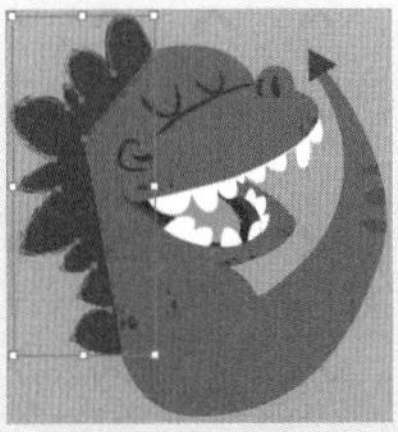
图 6-147

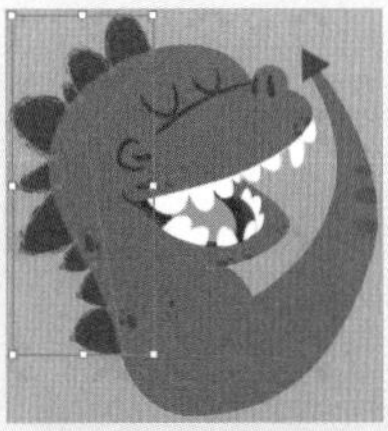
图 6-148

（12）选择“钢笔”工具，在适当的位置绘制一个不规则图形，如图 6-149 所示。设置填充色为浅蓝色（80、35、55、0），填充图形，并设置描边色为无，效果如图 6-150 所示。

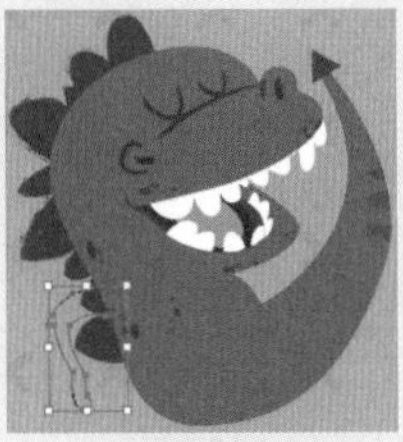
图 6-149

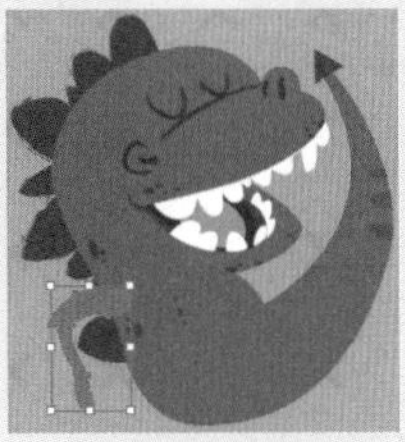
图 6-150

（13）选择"钢笔"工具 ✎，在适当的位置分别绘制不规则图形，如图 6-151 所示。选择"选择"工具 ▶，按住 Shift 键的同时，选取需要的图形，按 Ctrl+G 组合键，将其编组；选择"吸管"工具 ✎ ，将吸管图标 ✎ 放置在右侧椭圆形上，如图 6-152 所示，单击鼠标左键吸取属性，效果如图 6-153 所示。

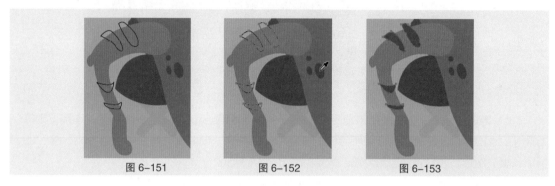

图 6-151　　　　　　　图 6-152　　　　　　　图 6-153

（14）选择"选择"工具 ▶，选取下方浅蓝色图形，按 Ctrl+C 组合键，复制图形，按 Shift+Ctrl+V 组合键，就地粘贴图形，如图 6-154 所示。按住 Shift 键的同时，单击下方编组图形将其同时选取，如图 6-155 所示，按 Ctrl+7 组合键，建立剪切蒙版，效果如图 6-156 所示。

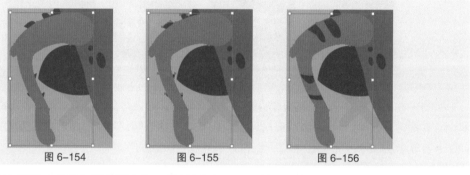

图 6-154　　　　　　　图 6-155　　　　　　　图 6-156

（15）用相同的方法绘制其他鳄鱼脚，效果如图 6-157 所示。按 Ctrl+O 组合键，打开素材 01 文件，选择"选择"工具 ▶，选取需要的牙刷图形，按 Ctrl+C 组合键，复制图形。选择正在编辑的页面，按 Ctrl+V 组合键，将其粘贴到页面中，并拖动复制的图形到适当的位置，效果如图 6-158 所示。连续按 Ctrl+ [组合键，将图形向后移至适当的位置，效果如图 6-159 所示。

图 6-157　　　　　　　图 6-158　　　　　　　图 6-159

（16）选择"01"文件，用相同的方法复制并粘贴其他图形到正在编辑的页面中，调整其顺序，效果如图 6-160 所示。选择"椭圆"工具 ⬭，在适当的位置绘制一个椭圆形，设置填充色为粉色（7、20、3、0），填充图形，并设置描边色为无，效果如图 6-161 所示。

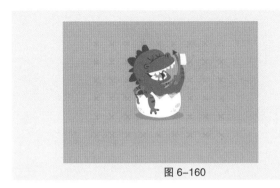

图 6-160

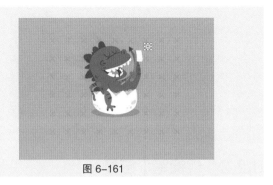

图 6-161

（17）选择"效果 > 变形 > 鱼形"命令，在弹出的"变形选项"对话框中进行设置，如图 6-162 所示，单击"确定"按钮，效果如图 6-163 所示。

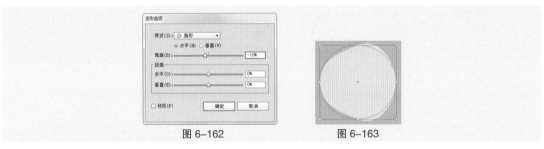

图 6-162　　　　　　　　　图 6-163

（18）选择"椭圆"工具 ⬭，在适当的位置绘制一个椭圆形，填充图形为白色，并设置描边色为无，效果如图 6-164 所示。选择"钢笔"工具 ✎，在适当的位置绘制一条曲线，填充描边为白色，效果如图 6-165 所示。

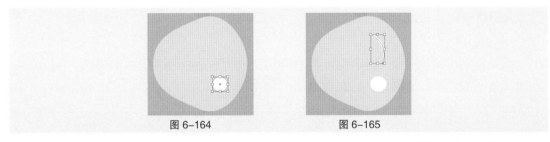

图 6-164　　　　　　　　　图 6-165

（19）选择"描边"控制面板，单击"端点"选项中的"圆头端点"按钮 ⬚，其他选项的设置如图 6-166 所示，效果如图 6-167 所示。

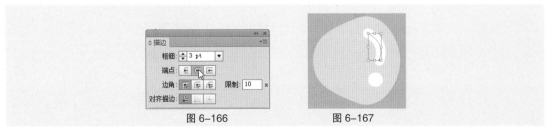

图 6-166　　　　　　　　　图 6-167

（20）用相同的方法制作图 6-168 所示的效果。选择"文字"工具 T，在适当的位置输入需要的文字，选择"选择"工具 ▶，在属性栏中选择合适的字体并设置文字大小。设置文字填充色为海蓝色（85、45、50、0），填充文字，效果如图 6-169 所示。可爱小鳄鱼绘制完成。

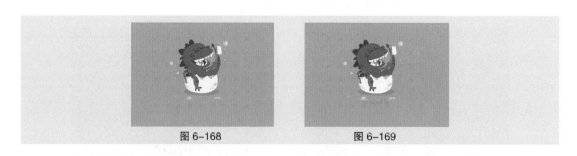

图 6-168　　　　　　　　　图 6-169

6.2.2　"钢笔"工具

Illustrator CS6 中的"钢笔"工具是一个非常重要的工具。使用"钢笔"工具可以绘制直线、曲线和任意形状的路径，可以对线段进行精确的调整，使其更加完美。

1. 绘制直线

选择"钢笔"工具 ，在页面中单击鼠标左键确定直线的起点，如图 6-170 所示。移动光标到需要的位置，再次单击鼠标左键确定直线的终点，如图 6-171 所示。

在需要的位置再连续单击确定其他的锚点，就可以绘制出折线的效果，如图 6-172 所示。单击折线上的锚点，该锚点会被删除，折线的另外两个锚点将自动连接，如图 6-173 所示。

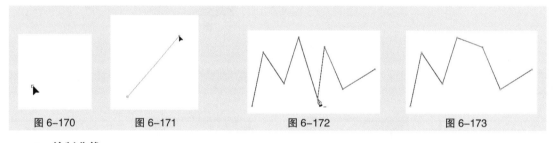

图 6-170　　　　图 6-171　　　　　　图 6-172　　　　　　　图 6-173

2. 绘制曲线

选择"钢笔"工具 ，在页面中单击并按住鼠标左键拖动光标来确定曲线的起点。起点的两端分别出现了一条控制线，释放鼠标左键，如图 6-174 所示。

移动光标到需要的位置，再次单击并按住鼠标左键进行拖动，出现了一条曲线段。拖动光标的同时，第 2 个锚点两端也出现了控制线。按住鼠标左键不放，随着光标的移动，曲线段的形状也随之发生变化，如图 6-175 所示。释放鼠标，移动光标继续绘制。

如果连续单击并拖动鼠标，可以绘制出一些连续平滑的曲线，如图 6-176 所示。

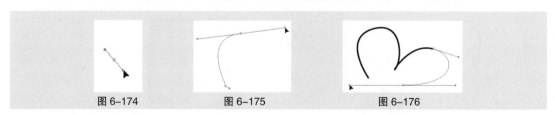

图 6-174　　　　　　图 6-175　　　　　　　图 6-176

6.2.3　编辑路径

在 Illustrator CS6 的工具箱中包括了很多路径编辑工具，可以应用这些工具对路径进行变形、转换和剪切等编辑操作。下面我们讲解添加、删除和转换锚点。

1. 添加锚点

绘制一段路径，如图 6-177 所示。选择"添加锚点"工具 ，在路径上面的任意位置单击，路径上就会增加一个新的锚点，如图 6-178 所示。

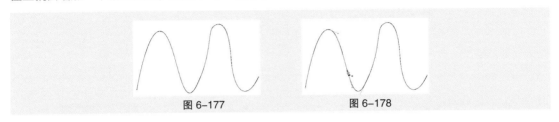

图 6-177　　　　　　　　　图 6-178

2. 删除锚点

绘制一段路径，如图 6-179 所示。选择"删除锚点"工具 ，在路径上面的任意一个锚点上单击，该锚点就会被删除，如图 6-180 所示。

图 6-179　　　　　　　　　图 6-180

3. 转换锚点

绘制一段闭合的椭圆形路径，如图 6-181 所示。选择"转换锚点"工具 ，单击路径上的锚点，锚点就会被转换，如图 6-182 所示。拖动锚点可以编辑路径的形状，效果如图 6-183 所示。

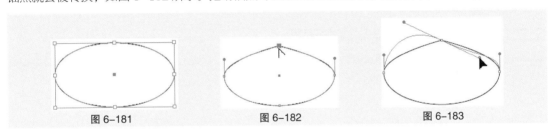

图 6-181　　　　　图 6-182　　　　　图 6-183

6.2.4 "剪刀"工具

绘制一段路径，如图 6-184 所示。选择"剪刀"工具 ，单击路径上任意一点，路径就会从单击的地方被剪切为两条路径，如图 6-185 所示。按键盘上"方向"键中的"向下移动"键，移动剪切的锚点，即可看到剪切后的效果，如图 6-186 所示。

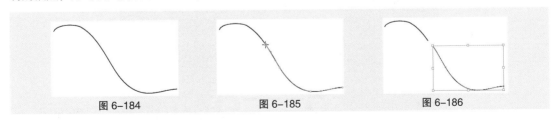

图 6-184　　　　　图 6-185　　　　　图 6-186

6.2.5 偏移路径

"偏移路径"命令可以围绕着已有路径的外部或内部勾画一条新的路径，新路径与原路径之间偏移的距离可以按需要设置。

选中要偏移的对象，如图 6-187 所示。选择"对象 > 路径 > 偏移路径"命令，弹出"偏移路径"对话框，如图 6-188 所示。"位移"选项用来设置偏移的距离，设置的数值为正，新路径在原始路径的外部；设置的数值为负，新路径在原始路径的内部。"连接"选项用来设置新路径拐角上不同的连接方式。"斜接限制"选项会影响到连接区域的大小。

设置"位移"选项中的数值为正时，偏移效果如图 6-189 所示。设置"位移"选项中的数值为负时，偏移效果如图 6-190 所示。

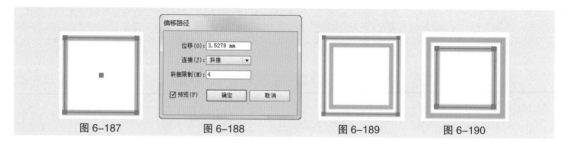

图 6-187　　　　　　图 6-188　　　　　　图 6-189　　　　　图 6-190

6.3 使用符号

符号是一种能存储在"符号"控制面板中，并且在一个插图中可以重复使用的对象。Illustrator CS6 提供了"符号"控制面板，专门用来创建、存储和编辑符号。

6.3.1 课堂案例——绘制汽车酒吧

Illustrator CS6 核心应用案例教程（全彩慕课版）

126

【案例学习目标】学习使用"符号"面板绘制汽车酒吧。

【案例知识要点】使用"矩形"工具、"符号库"命令和"透明度"面板绘制背景；使用"直线段"工具、"画笔库"命令绘制牵引线；使用"矩形"工具、"钢笔"工具、"建立剪切蒙版"命令、"路径查找器"面板和"填充"工具绘制酒具；使用"钢笔"工具、"文字"工具和"字符"控制面板制作会话框及文字。效果如图 6-191 所示。

扫码观看
扩展案例

图 6-191

1. 绘制背景

（1）按 Ctrl+N 组合键，新建一个文档，设置文档的宽度为 297 mm，高度为 210 mm，取向为横向，颜色模式为 CMYK，单击"确定"按钮。

（2）选择"矩形"工具▢，绘制一个与页面大小相等的矩形，如图 6-192 所示。设填充色为紫色（60、100、60、30），填充图形，并设置描边色为无，效果如图 6-193 所示。

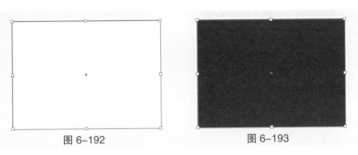

图 6-192   图 6-193

（3）选择"窗口 > 符号库 > 点状图案矢量包"命令，弹出"点状图案矢量包"面板，选取需要的符号，如图 6-194 所示，拖动符号到页面中的适当位置，并调整其大小，效果如图 6-195 所示。

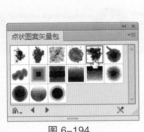
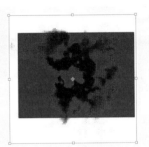

图 6-194   图 6-195

（4）选择"窗口 > 透明度"命令，弹出"透明度"控制面板，将混合模式设为"柔光"，如图 6-196 所示，效果如图 6-197 所示。按 Ctrl+A 组合键，全选图形，按 Ctrl+2 组合键，锁定所选对象。

图 6-196   图 6-197

（5）按 Ctrl+O 组合键，打开素材 01 文件，选择"选择"工具▶，选取需要的图形，按 Ctrl+C 组合键，复制图形。选择正在编辑的页面，按 Ctrl+V 组合键，将其粘贴到页面中，并拖动复制的图形到适当的位置，效果如图 6-198 所示。

（6）选择"直线段"工具╱，按住 Shift 键的同时，在适当的位置绘制一条直线，设置描边色为深紫色（60、100、60、65），填充描边，效果如图 6-199 所示。

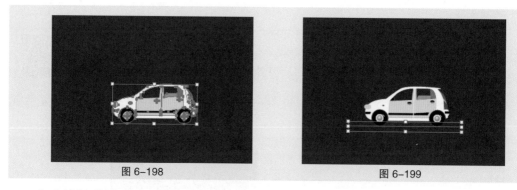

图 6-198　　　　　　　　　　　　　图 6-199

（7）选择"窗口 > 画笔库 > 艺术效果 > 艺术效果 _ 粉笔炭笔铅笔"命令，弹出"艺术效果 _ 粉笔炭笔铅笔"控制面板，选择需要的画笔，如图 6-200 所示，用画笔为直线描边，效果如图 6-201 所示。

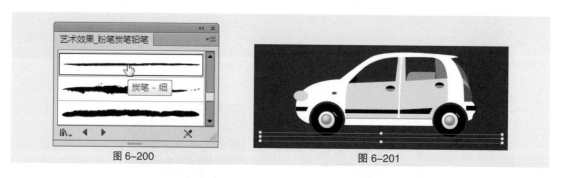

图 6-200　　　　　　　　　　　　　图 6-201

2. 绘制酒具和会话框

（1）选择"矩形"工具▣，在页面外绘制一个矩形，如图 6-202 所示。选择"直接选择"工具▷，选取左下角的锚点，并向右拖动锚点到适当的位置，效果如图 6-203 所示。用相同的方法调整右下角的锚点，效果如图 6-204 所示。

扫码观看
本案例视频 2

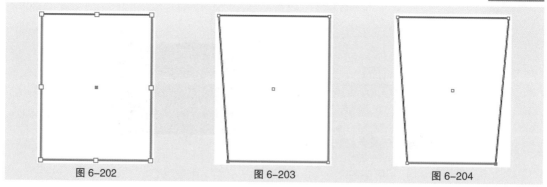

图 6-202　　　　　　　　图 6-203　　　　　　　　图 6-204

（2）选择"选择"工具▷，选取图形，设置填充色为浅黄色（0、16、40、0），填充图形，并设置描边色为无，效果如图 6-205 所示。选择"矩形"工具▣，在适当的位置绘制一个矩形，如图 6-206 所示。设置填充色为橘黄色（0、70、96、0），填充图形，并设置描边色为无，效果如图 6-207 所示。

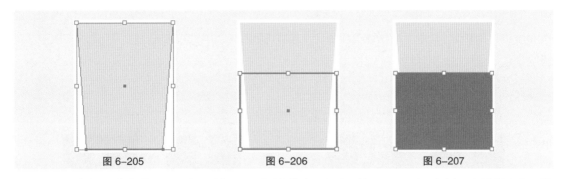

图 6-205　　　　　　　　　　图 6-206　　　　　　　　　　图 6-207

（3）选择"选择"工具 ，选取下方浅黄色图形，按 Ctrl+C 组合键，复制图形，按 Shift+Ctrl+V 组合键，就地粘贴图形，如图 6-208 所示。按住 Shift 键的同时，单击橘黄色图形将其同时选取，如图 6-209 所示，按 Ctrl+7 组合键，建立剪切蒙版，效果如图 6-210 所示。

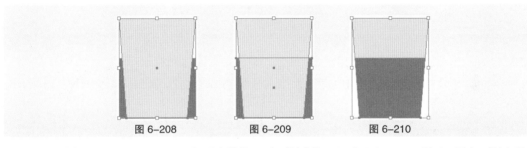

图 6-208　　　　　　　　图 6-209　　　　　　　　图 6-210

（4）选择"矩形"工具 ，在适当的位置分别绘制矩形，如图 6-211 所示。选择"选择"工具 ，按住 Shift 键的同时，将所绘制的矩形同时选取，设置填充色为浅黄色（0、16、40、0），填充图形，并设置描边色为无，效果如图 6-212 所示。

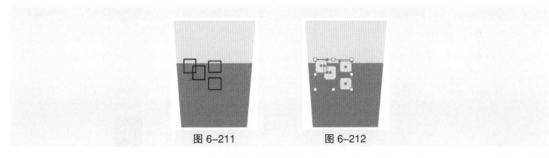

图 6-211　　　　　　　　图 6-212

（5）选择"选择"工具 ，用框选的方法将所绘制的图形同时选取，按 Ctrl+G 组合键，将其编组，如图 6-213 所示。按住 Alt+Shift 组合键的同时，水平向右拖动编组图形到适当的位置，复制编组图形，效果如图 6-214 所示。

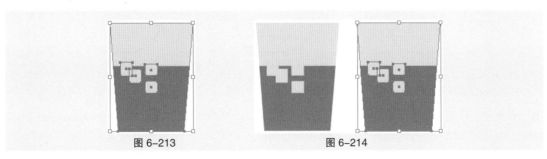

图 6-213　　　　　　　　　　图 6-214

（6）选择"编组选择"工具 ，按住 Shift 键的同时，选取需要的矩形，如图 6-215 所示，按 Delete 键将其删除。选取下方橘黄色图形，设置填充色为浅红色（0、89、96、0），填充图形，效果如图 6-216 所示。

图 6-215   图 6-216

（7）选择"钢笔"工具 ，在适当的位置绘制一个不规则图形，如图 6-217 所示。选择"矩形"工具 ，在适当的位置绘制一个矩形，如图 6-218 所示。

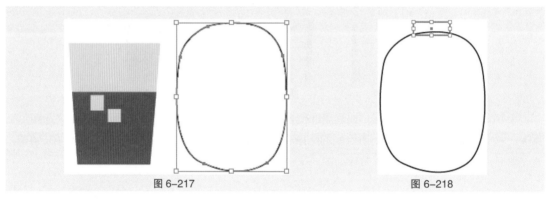

图 6-217   图 6-218

（8）选择"选择"工具 ，按住 Alt+Shift 组合键的同时，垂直向上拖动矩形到适当的位置，复制矩形，效果如图 6-219 所示。向上拖动矩形上边中间的控制手柄到适当的位置，调整其大小，效果如图 6-220 所示。按 Shift+X 组合键，互换填色和描边，效果如图 6-221 所示。

图 6-219   图 6-220   图 6-221

（9）选择"选择"工具 ，用框选的方法选取需要的图形，如图 6-222 所示。选择"窗口 > 路径查找器"命令，弹出"路径查找器"控制面板，单击"联集"按钮 ，如图 6-223 所示；生成新的对象，效果如图 6-224 所示。设置填充色为咖啡色（50、80、100、0），填充图形，并设置描边色为无，效果如图 6-225 所示。

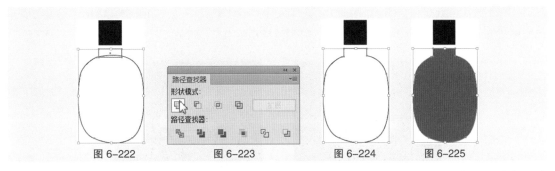

図 6-222　　　　　　　　　図 6-223　　　　　　　图 6-224　　　　　图 6-225

（10）选择"矩形"工具▣，在适当的位置绘制一个矩形，如图 6-226 所示，设置填充色为紫红色（50、100、100、25），填充图形，并设置描边色为无，效果如图 6-227 所示。

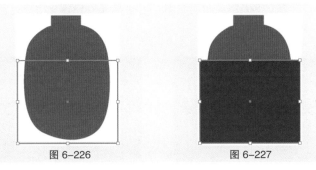

图 6-226　　　　　　　　　　图 6-227

（11）选择"选择"工具▶，选取下方咖啡色图形，按 Ctrl+C 组合键，复制图形，按 Shift+Ctrl+V 组合键，就地粘贴图形，效果如图 6-228 所示。按住 Shift 键的同时，单击紫红色图形将其同时选取，如图 6-229 所示，按 Ctrl+7 组合键，建立剪切蒙版，效果如图 6-230 所示。

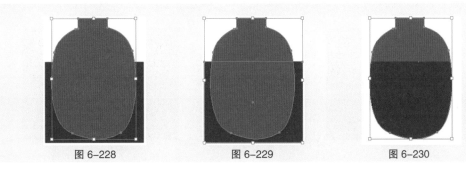

图 6-228　　　　　　　　　图 6-229　　　　　　　图 6-230

（12）选择"选择"工具▶，用框选的方法将所绘制的图形同时选取，按 Ctrl+G 组合键，将其编组，如图 6-231 所示。拖动编组图形到页面中适当的位置，效果如图 6-232 所示。

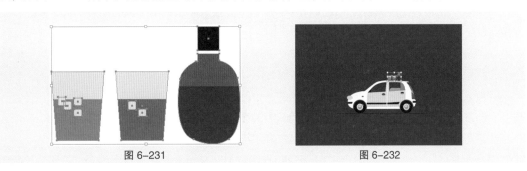

图 6-231　　　　　　　　　　　图 6-232

（13）选择"钢笔"工具 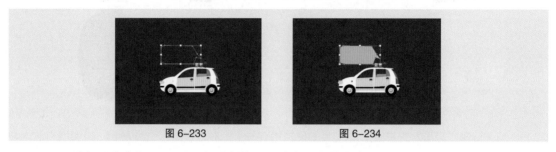，在适当的位置绘制一个不规则图形，如图 6-233 所示。设置填充色为浅黄色（6、30、64、0），填充图形，并设置描边色为无，效果如图 6-234 所示。

图 6-233　　　　　　　　　　　　图 6-234

（14）选择"文字"工具 T，在适当的位置输入需要的文字，选择"选择"工具 ，在属性栏中选择合适的字体并设置文字大小，效果如图 6-235 所示。设置文字填充色为紫色（60、100、60、30），填充文字，效果如图 6-236 所示。

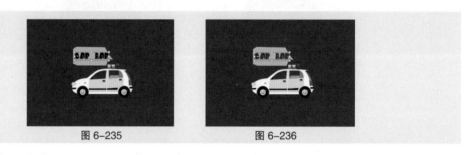

图 6-235　　　　　　　　　　　　图 6-236

（15）选择"文字"工具 T，在英文文字"R"处，单击插入光标，如图 6-237 所示。按 Ctrl+T 组合键，弹出"字符"控制面板，将"设置两个字符间的字距微调"选项 设置为 -420，其他选项的设置如图 6-238 所示；按 Enter 键确定操作，效果如图 6-239 所示。汽车酒吧绘制完成。

图 6-237　　　　　　　　　图 6-238　　　　　　　　　图 6-239

6.3.2　"符号"控制面板

"符号"控制面板具有创建、编辑和存储符号的功能。单击控制面板右上方的图标 ，弹出其下拉菜单，如图 6-240 所示。

在"符号"控制面板下边有以下 6 个按钮。

"符号库菜单"按钮 ：包括多种符号库，可以选择调用。

"置入符号实例"按钮 ：将当前选中的一个符号范例放置在页面的中心。

"断开符号链接"按钮 ：将添加到插图中的符号范例与"符号"控制面板断开链接。

"符号选项"按钮 ：单击该按钮可以打开"符号选项"对话框，并进行设置。

"新建符号"按钮 ：单击该按钮可以将选中的要定义为符号的对象添加到"符号"控制面板

Illustrator CS6 核心应用案例教程（全彩慕课版）

132

中作为符号。

"删除符号"按钮 ⬜：单击该按钮可以删除"符号"控制面板中被选中的符号。

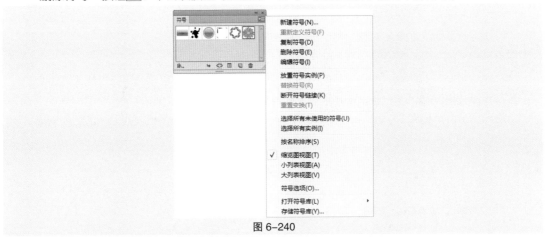

图 6-240

6.3.3　创建和应用符号

1．创建符号

单击"新建符号"按钮 ⬜ 可以将选中的要定义为符号的对象添加到"符号"控制面板中作为符号。

将选中的对象直接拖动到"符号"控制面板中也可以创建符号，如图 6-241 所示。

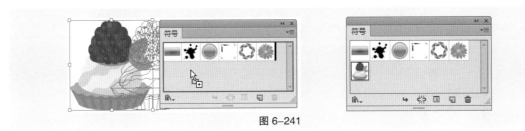

图 6-241

2．应用符号

在"符号"控制面板中选中需要的符号，直接将其拖动到当前插图中，得到一个符号范例，如图 6-242 所示。

选择"符号喷枪"工具 ⬜ 可以同时创建多个符号范例，并且可以将它们作为一个符号集合。

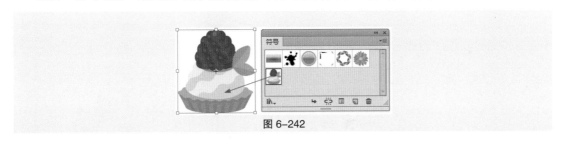

图 6-242

6.3.4　符号工具

Illustrator CS6 工具箱的符号工具组中提供了 8 个符号工具，展开的符号工具组如图 6-243 所示。

"符号喷枪"工具 ⬜：创建符号集合，可以将"符号"控制面板中的符号对象应用到插图中。

"符号移位器"工具 🔲：移动符号范例。

"符号紧缩器"工具 🔲：对符号范例进行缩紧变形。

"符号缩放器"工具 🔲：对符号范例进行放大操作。按住 Alt 键，可以对符号范例进行缩小操作。

"符号旋转器"工具 🔲：对符号范例进行旋转操作。

"符号着色器"工具 🔲：使用当前颜色为符号范例填色。

"符号滤色器"工具 🔲：增加符号范例的透明度。按住 Alt 键，可以减小符号范例的透明度。

"符号样式器"工具 🔲：将当前样式应用到符号范例中。

设置符号工具的属性，双击任意一个符号工具将弹出"符号工具选项"对话框，如图 6-244 所示。

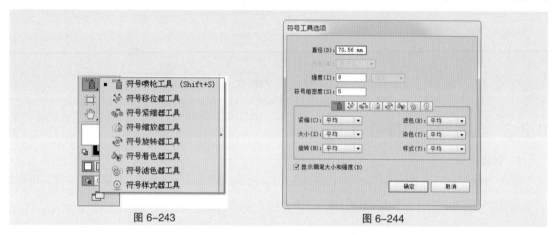

图 6-243　　　　　　　　　　　　图 6-244

"直径"选项：设置笔刷直径的数值。这时的笔刷指的是选取符号工具后光标的形状。

"强度"选项：设定拖动鼠标时符号范例随鼠标变化的速度，数值越大，被操作的符号范例变化越快。

"符号组密度"选项：设定符号集合中包含符号范例的密度，数值越大，符号集合中包含的符号范例的数量就越多。

"显示画笔大小和强度"复选框：勾选该复选框，在使用符号工具时可以看到笔刷；不勾选该复选框则隐藏笔刷。

使用符号工具应用符号的具体操作如下。

选择"符号喷枪"工具 🔲，光标将变成一个中间有喷壶的圆形，如图 6-245 所示。在"符号"控制面板中选取一种需要的符号对象，如图 6-246 所示。

在页面上按住鼠标左键不放并拖动光标，"符号喷枪"工具将沿着拖动的轨迹喷射出多个符号范例，这些符号范例将组成一个符号集合，如图 6-247 所示。

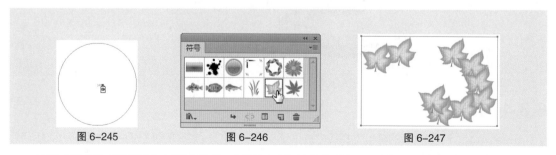

图 6-245　　　　　　　　　图 6-246　　　　　　　　　图 6-247

使用"选择"工具 🔲 选中符号集合，再选择"符号移位器"工具 🔲，将光标移到要移动的符号范例上按住鼠标左键不放并拖动光标，在光标之中的符号范例将随其移动，如图 6-248 所示。

　　使用"选择"工具▶️选中符号集合，选择"符号紧缩器"工具🎛，将光标移到要使用"符号紧缩器"工具的符号范例上，按住鼠标左键不放并拖动光标，符号范例被紧缩，如图 6-249 所示。

　　使用"选择"工具▶️选中符号集合，选择"符号缩放器"工具🔍，将光标移到要调整的符号范例上，按住鼠标左键不放并拖动光标，在光标之中的符号范例将变大，如图 6-250 所示。按住 Alt 键，则可缩小符号范例。

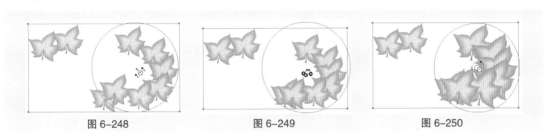

图 6-248　　　　　　　　　　图 6-249　　　　　　　　　　图 6-250

　　使用"选择"工具▶️选中符号集合，选择"符号旋转器"工具🔄，将光标移到要旋转的符号范例上，按住鼠标左键不放并拖动光标，在光标之中的符号范例将发生旋转，如图 6-251 所示。

　　在"色板"控制面板或"颜色"控制面板中设定一种颜色作为当前色，使用"选择"工具▶️选中符号集合，选择"符号着色器"工具🎨，将光标移到要填充颜色的符号范例上，按住鼠标左键不放并拖动光标，在光标中的符号范例被填充上当前色，如图 6-252 所示。

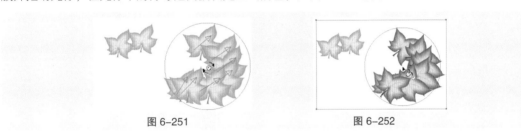

图 6-251　　　　　　　　　　　　　图 6-252

　　使用"选择"工具▶️选中符号集合，选择"符号滤色器"工具🔘，将光标移到要改变透明度的符号范例上，按住鼠标左键不放并拖动光标，在光标中的符号范例的透明度将被增大，如图 6-253 所示。按住 Alt 键，可以减小符号范例的透明度。

　　使用"选择"工具▶️选中符号集合，选择"符号样式器"工具🎯，在"图形样式"控制面板中选中一种样式，将光标移到要改变样式的符号范例上，按住鼠标左键不放并拖动光标，在光标中的符号范例将被改变样式，如图 6-254 所示。

　　使用"选择"工具▶️选中符号集合，选择"符号喷枪"工具🎨，按住 Alt 键，在要删除的符号范例上按住鼠标左键不放并拖动光标，光标经过的区域中的符号范例被删除，如图 6-255 所示。

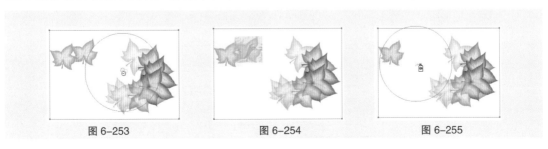

图 6-253　　　　　　　　　　图 6-254　　　　　　　　　　图 6-255

6.4 编组与对齐对象

6.4.1 课堂案例——绘制时尚插画

【案例学习目标】学习使用图形工具和"对齐"面板绘制时尚插画。

【案例知识要点】使用"矩形"工具、"倾斜"工具、"缩放"命令和"对齐"面板绘制插画背景；使用"钢笔"工具、"椭圆"工具、"剪切蒙版"命令绘制人物；使用"对齐"面板对齐文字；效果如图 6-256 所示。

扫码观看
扩展案例

图 6-256

1. 绘制背景

（1）按 Ctrl+N 组合键，新建一个 A4 文档。选择"矩形"工具▣，绘制一个与页面大小相等的矩形，设置填充色为浅黄色（0、0、58、0），填充图形，并设置描边色为无，效果如图 6-257 所示。

扫码观看
本案例视频 1

（2）选择"矩形"工具▣，在适当的位置绘制一个矩形，如图 6-258 所示。双击"渐变"工具▣，弹出"渐变"控制面板，在色带上设置两个渐变滑块，分别将渐变滑块的位置设为 0、100，并设置 C、M、Y、K 的值分别为 0（25、0、80、0）、100（30、0、90、0），其他选项的设置如图 6-259 所示，图形被填充为渐变色，并设置描边色为无，效果如图 6-260所示。

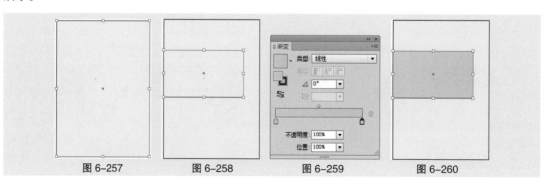

图 6-257   图 6-258   图 6-259   图 6-260

（3）双击"倾斜"工具 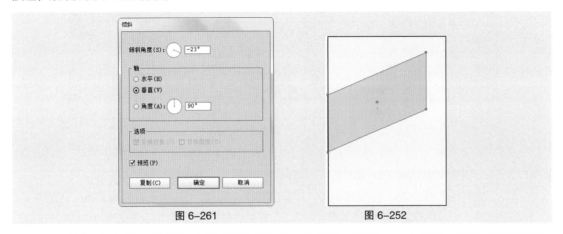，弹出"倾斜"对话框，选项的设置如图 6-261 所示，单击"确定"按钮，效果如图 6-262 所示。

图 6-261　　　　　　　　　　　　图 6-252

（4）选择"矩形"工具 ▣，在适当的位置绘制一个矩形，如图 6-263 所示。选择"直接选择"工具 ▷，选取右下角的锚点，并向上拖动锚点到适当的位置，效果如图 6-264 所示。设置填充色为浅绿色（55、0、45、0），填充图形，并设置描边色为无，效果如图 6-265 所示。

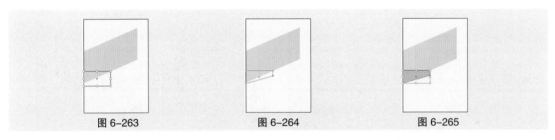

图 6-263　　　　　　　　　图 6-264　　　　　　　　　图 6-265

（5）选择"选择"工具 ▶，选取草绿色图形，按 Ctrl+C 组合键，复制图形，按 Shift+Ctrl+V 组合键，就地粘贴图形，如图 6-266 所示。选择"对象 > 变换 > 缩放"命令，在弹出的"比例缩放"对话框中进行设置，如图 6-267 所示，单击"复制"按钮；设置填充色为土黄色（16、20、90、0），填充图形，效果如图 6-268 所示。

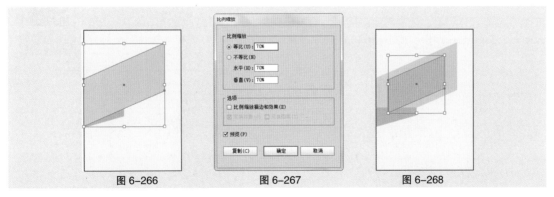

图 6-266　　　　　　　　　图 6-267　　　　　　　　　图 6-268

（6）选择"窗口 > 对齐"命令，弹出"对齐"控制面板，将对齐方式设置为"对齐画板"，如图 6-269 所示。单击"水平右对齐"按钮 ▣，如图 6-270 所示，图形与页面右对齐，效果如图 6-271 所示。

图 6-269　　　　　　　　图 6-270　　　　　　　　图 6-271

（7）选择"选择"工具 ▶，按住 Shift 键的同时，垂直向下拖动图形到适当的位置，效果如图 6-272 所示。用相同的方法绘制并倾斜图形，填充相应的颜色，效果如图 6-273 所示。

（8）按 Ctrl+O 组合键，打开素材 01 文件，选择"选择"工具 ▶，选取需要的图形，按 Ctrl+C 组合键，复制图形。选择正在编辑的页面，按 Ctrl+V 组合键，将其粘贴到页面中，并拖动复制的图形到适当的位置，效果如图 6-274 所示。

（9）连续按 Ctrl+ [组合键，将图形向后移至适当的位置，效果如图 6-275 所示。按 Ctrl+A 组合键，全选图形，按 Ctrl+2 组合键，锁定所选对象。

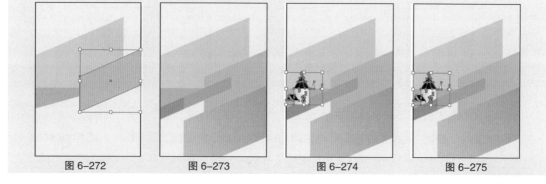

图 6-272　　　　　　图 6-273　　　　　　图 6-274　　　　　　图 6-275

2．绘制人物

（1）选择"钢笔"工具 ，在页面外分别绘制不规则图形，如图 6-276 所示。选择"选择"工具 ▶，选取需要的图形，设置填充色为肤色（11、16、40、0），填充图形，并设置描边色为无，效果如图 6-277 所示。

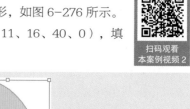

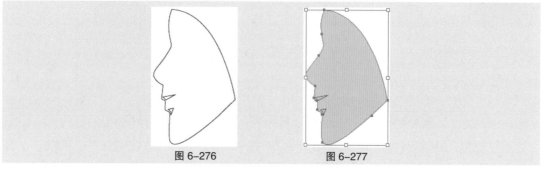

图 6-276　　　　　　　　　图 6-277

（2）选择"椭圆"工具 ，在适当的位置绘制一个椭圆形，如图 6-278 所示。选择"选择"工具 ▶，按住 Shift 键的同时，依次单击选取需要的图形，设置填充色为深灰色（0、0、0、70），填充图形，并设置描边色为无，效果如图 6-279 所示。

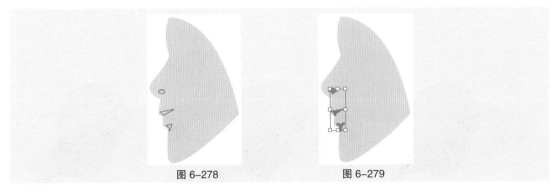

图 6-278　　　　　　　　图 6-279

（3）选择"钢笔"工具 ✎，在适当的位置绘制一个不规则图形，如图 6-280 所示。设置填充色为肤色（11、16、40、15），填充图形，并设置描边色为无，效果如图 6-281 所示。

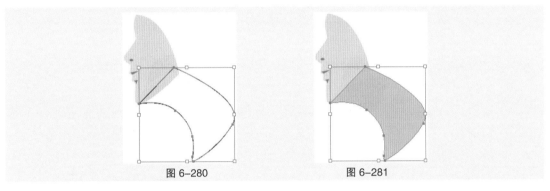

图 6-280　　　　　　　　图 6-281

（4）选择"钢笔"工具 ✎，在适当的位置分别绘制不规则图形，如图 6-282 所示。选择"选择"工具 ▶，选取需要的图形，按 Shift+X 组合键，互换填色和描边，效果如图 6-283 所示。

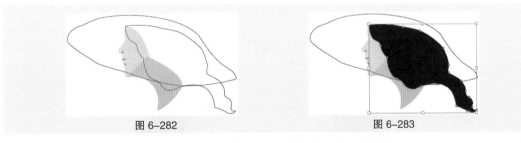

图 6-282　　　　　　　　图 6-283

（5）选择"选择"工具 ▶，选取需要的图形，设置填充色为橘红色（0、75、100、0），填充图形，并设置描边色为无，效果如图 6-284 所示。按 Shift+Ctrl+[组合键，将其置于底层，效果如图 6-285 所示。

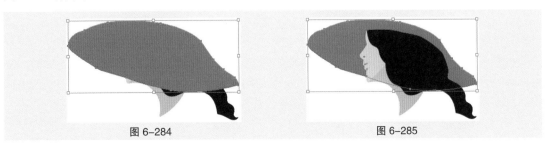

图 6-284　　　　　　　　图 6-285

（6）选择"钢笔"工具 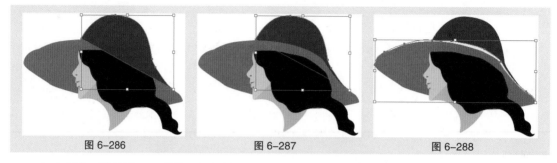，在适当的位置绘制一个不规则图形，设置填充色为棕色（0、54、98、74），填充图形，并设置描边色为无，效果如图6-286所示。按Shift+Ctrl+[组合键，将其置于底层，效果如图6-287所示。用相同的方法再绘制一个不规则图形，并填充相应的颜色，效果如图6-288所示。

图6-286　　　　　　　图6-287　　　　　　　图6-288

（7）选择"钢笔"工具 ，在适当的位置绘制一个不规则图形，如图6-289所示。设置填充色为深蓝色（23、0、0、54），填充图形，并设置描边色为无，效果如图6-290所示。

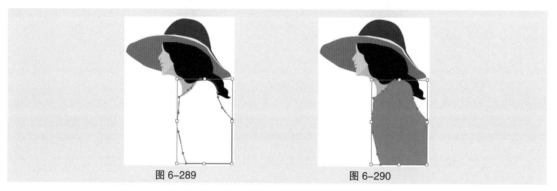

图6-289　　　　　　　　　图6-290

（8）选择"钢笔"工具 ，在适当的位置分别绘制不规则图形，如图6-291所示。选择"选择"工具 ，按住Shift键的同时，依次单击选取需要的图形，按Ctrl+G组合键，将其编组；设置填充色为浅蓝色（23、0、0、34），填充图形，并设置描边色为无，效果如图6-292所示。

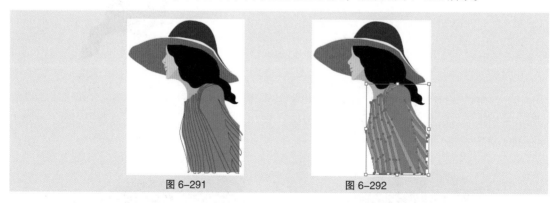

图6-291　　　　　　　　　图6-292

（9）选择"选择"工具 ，选取下方深蓝色图形，按Ctrl+C组合键，复制图形，按Shift+Ctrl+V组合键，就地粘贴图形，如图6-293所示。按住Shift键的同时，单击浅蓝色图形将其同时选取，如图6-294所示，按Ctrl+7组合键，建立剪切蒙版，效果如图6-295所示。

图 6-293　　　　　　　　　图 6-294　　　　　　　　　图 6-295

（10）选择"钢笔"工具✐，在适当的位置分别绘制不规则图形，如图 6-296 所示。选择"选择"工具▶，按住 Shift 键的同时，将绘制的图形同时选取，设置填充色为肤色（11、16、40、0），填充图形，并设置描边色为无，效果如图 6-297 所示。选取需要的图形，按 Shift+Ctrl+ [组合键，将其置于底层，效果如图 6-298 所示。

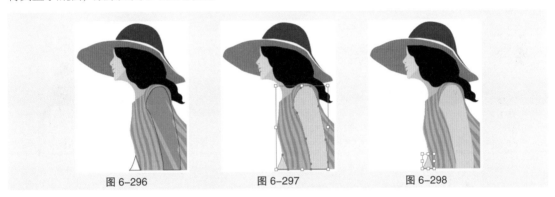

图 6-296　　　　　　　　　图 6-297　　　　　　　　　图 6-298

（11）选择"选择"工具▶，用框选的方法将所绘制的图形同时选取，按 Ctrl+G 组合键，将其编组，如图 6-299 所示。在"对齐"控制面板中，分别单击"垂直底对齐"按钮▬和"水平右对齐"按钮▣，图形与页面靠右底对齐，效果如图 6-300 所示。

图 6-299　　　　　　　　　　　　图 6-300

（12）按 Ctrl+O 组合键，打开素材 02 文件，选择"选择"工具▶，选取需要的文字，按 Ctrl+C 组合键，复制文字。选择正在编辑的页面，按 Ctrl+V 组合键，将其粘贴到页面中，并拖动复制的文字到适当的位置，效果如图 6-301 所示。按 Shift+Ctrl+G 组合键，取消图形编组。

（13）选择"选择"工具▶，选取数字"10"，如图 6-302 所示，在"对齐"控制面板中，分别单击"垂直底对齐"按钮 ■ 和"水平左对齐"按钮 ■，图形与页面靠左底对齐，效果如图6-303所示。

图6-301　　　　　　　图6-302　　　　　　　图6-303

（14）选择"选择"工具 ■，按住Shift键的同时，选取需要的文字，如图6-304所示，在"对齐"控制面板中，将对齐方式设置为"对齐所选对象"，如图6-305所示。单击"水平左对齐"按钮 ■，如图6-306所示，所选对象左对齐，效果如图6-307所示。时尚插画绘制完成。

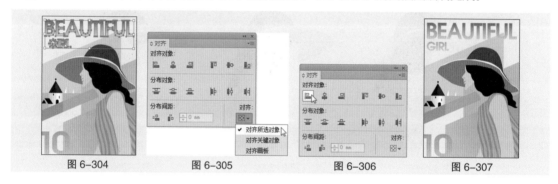

图6-304　　　　　　图6-305　　　　　　　图6-306　　　　　　图6-307

6.4.2　编组对象

"编组"命令可以将多个对象组合在一起使其成为一个对象。使用"选择"工具 ■，选取要编组的图像，编组之后，单击任意一个图像，其他图像都会被一起选取。

1. 创建组合

选取要编组的对象，如图6-308所示，选择"对象 > 编组"命令（组合键为Ctrl+G），将选取的对象组合。选择组合后图像中的任意一个图像，其他图像也会同时被选取，如图6-309所示。

将多个对象组合后，其外观并没有变化，当对任意一个对象进行编辑时，其他对象也随之产生相应的变化。如果需要单独编辑组合中的个别对象，而不改变其他对象的状态，可以应用"编组选择"工具 ■ 进行选取。选择"编组选择"工具 ■，单击要移动的对象并按住鼠标左键不放，拖动对象到合适的位置，效果如图6-310所示，其他对象并没有变化。

图6-308　　　　　　　　图6-309　　　　　　　　图6-310

提示："编组"命令还可以将几个不同的组合进行进一步的组合，或在组合与对象之间进行进一步的组合。在几个组合之间进行组合时，原来的组合并没有消失，它与新得到的组合是嵌套的关系。组合不同图层上的对象，组合后所有的对象将自动移动到最上边对象的图层中，并形成组合。

2. 取消组合

选取要取消组合的对象，如图 6-311 所示。选择"对象 > 取消编组"命令（组合键为 Shift+Ctrl+G），取消组合的图像。取消组合后的图像，可通过单击选取任意一个图像，如图 6-312 所示。

图 6-311

图 6-312

进行一次"取消编组"命令只能取消一层组合。例如，两个组合使用"编组"命令得到一个新的组合，应用"取消编组"命令取消这个新组合后，得到两个原始的组合。

6.4.3 对齐对象

"对齐"控制面板中的"对齐对象"选项组中包括 6 种对齐命令按钮："水平左对齐"按钮■、"水平居中对齐"按钮■、"水平右对齐"按钮■、"垂直顶对齐"按钮■、"垂直居中对齐"按钮■、"垂直底对齐"按钮■。

1. 水平左对齐

水平左对齐是指以最左边对象的左边边线为基准线，选取全部对象的左边缘和这条线对齐（最左边对象的位置不变）。

选取要对齐的对象，如图 6-313 所示。单击"对齐"控制面板中的"水平左对齐"按钮■，所有被选取的对象将都向左对齐，如图 6-314 所示。

2. 水平居中对齐

水平居中对齐是指以选定对象的中点为基准点对齐，所有对象在垂直方向的位置保持不变（多个对象进行水平居中对齐时，以中间对象的中点为基准点进行对齐，中间对象的位置不变）。

选取要对齐的对象，如图 6-315 所示。单击"对齐"控制面板中的"水平居中对齐"按钮■，所有被选取的对象都将水平居中对齐，如图 6-316 所示。

图 6-313

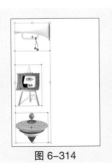
图 6-314

图 6-315

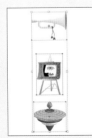
图 6-316

3．水平右对齐

水平右对齐是指以最右边对象的右边边线为基准线，选取全部对象的右边缘和这条线对齐（最右边对象的位置不变）。

选取要对齐的对象，如图 6-317 所示。单击"对齐"控制面板中的"水平右对齐"按钮，所有被选取的对象都将水平向右对齐，如图 6-318 所示。

4．垂直顶对齐

垂直顶对齐是指以多个要对齐对象中最上面对象的上边线为基准线，选定对象的上边线都和这条线对齐（最上面对象的位置不变）。

选取要对齐的对象，如图 6-319 所示。单击"对齐"控制面板中的"垂直顶对齐"按钮，所有被选取的对象都将向上对齐，如图 6-320 所示。

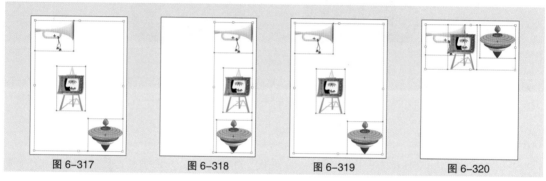

图 6-317　　　　图 6-318　　　　图 6-319　　　　图 6-320

5．垂直居中对齐

垂直居中对齐是指以多个要对齐对象的中点为基准点进行对齐，将所有对象进行垂直移动，水平方向上的位置不变（多个对象进行垂直居中对齐时，以中间对象的中点为基准点进行对齐，中间对象的位置不变）。

选取要对齐的对象，如图 6-321 所示。单击"对齐"控制面板中的"垂直居中对齐"按钮，所有被选取的对象都将垂直居中对齐，如图 6-322 所示。

6．垂直底对齐

垂直底对齐是指以多个要对齐对象中最下面对象的下边线为基准线，选定对象的下边线都和这条线对齐（最下面对象的位置不变）。

选取要对齐的对象，如图 6-323 所示。单击"对齐"控制面板中的"垂直底对齐"按钮，所有被选取的对象都将垂直向下对齐，如图 6-324 所示。

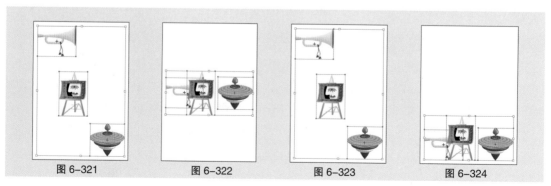

图 6-321　　　　图 6-322　　　　图 6-323　　　　图 6-324

6.4.4 分布对象

"对齐"控制面板中的"分布对象"选项组包括6种分布命令按钮："垂直顶分布"按钮🖹、"垂直居中分布"按钮🖹、"垂直底分布"按钮🖹、"水平左分布"按钮🖽、"水平居中分布"按钮🖽和"水平右分布"按钮🖽。

1. 垂直顶分布

垂直顶分布是指以每个选取对象的上边线为基准线，使对象按相等的间距垂直分布。

选取要分布的对象，如图6-325所示。单击"对齐"控制面板中的"垂直顶分布"按钮🖹，所有被选取的对象将按各自的上边线等距离垂直分布，如图6-326所示。

2. 垂直居中分布

垂直居中分布是指以每个选取对象的中线为基准线，使对象按相等的间距垂直分布。

选取要分布的对象，如图6-327所示。单击"对齐"控制面板中的"垂直居中分布"按钮🖹，所有被选取的对象将按各自的中线，等距离垂直分布，如图6-328所示。

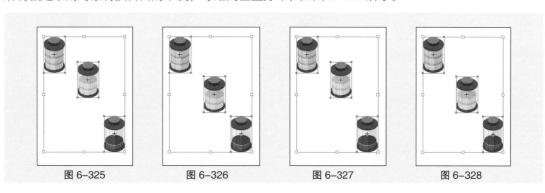

图 6-325　　　　　图 6-326　　　　　图 6-327　　　　　图 6-328

3. 垂直底分布

垂直底分布是指以每个选取对象的下边线为基准线，使对象按相等的间距垂直分布。

选取要分布的对象，如图6-329所示。单击"对齐"控制面板中的"垂直底分布"按钮🖹，所有被选取的对象将按各自的下边线，等距离垂直分布，如图6-330所示。

4. 水平左分布

水平左分布是指以每个选取对象的左边线为基准线，使对象按相等的间距水平分布。

选取要分布的对象，如图6-331所示。单击"对齐"控制面板中的"水平左分布"按钮🖽，所有被选取的对象将按各自的左边线，等距离水平分布，如图6-332所示。

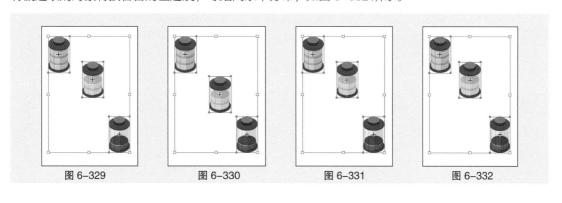

图 6-329　　　　　图 6-330　　　　　图 6-331　　　　　图 6-332

5. 水平居中分布

水平居中分布是指以每个选取对象的中线为基准线，使对象按相等的间距水平分布。

选取要分布的对象，如图 6-333 所示。单击"对齐"控制面板中的"水平居中分布"按钮 ⬚，所有被选取的对象将按各自的中线，等距离水平分布，如图 6-334 所示。

6. 水平右分布

水平右分布是指以每个选取对象的右边线为基准线，使对象按相等的间距水平分布。

选取要分布的对象，如图 6-335 所示。单击"对齐"控制面板中的"水平右分布"按钮 ⬚，所有被选取的对象将按各自的右边线，等距离水平分布，如图 6-336 所示。

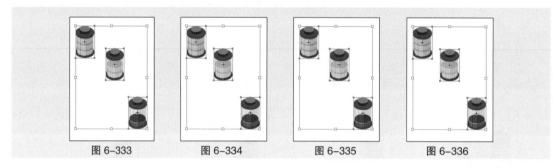

图 6-333　　　　　　图 6-334　　　　　　图 6-335　　　　　　图 6-336

7. 垂直分布间距

要精确指定对象间的距离，需选择"对齐"控制面板中的"分布间距"选项组，其中包括"垂直分布间距"按钮 ⬚ 和"水平分布间距"按钮 ⬚。

在"对齐"控制面板右下方的数值框中将距离数值设置为 10 mm，如图 6-337 所示。

选取要对齐的多个对象，如图 6-338 所示。再单击被选取对象中的任意一个对象，该对象将作为其他对象进行分布时的参照。如图 6-339 所示，在图例中单击上方的绿色电池图像使之作为参照对象。

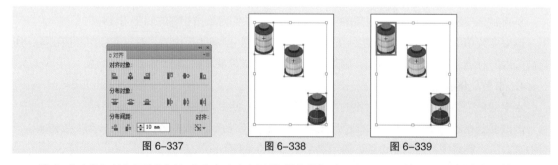

图 6-337　　　　　　图 6-338　　　　　　图 6-339

单击"对齐"控制面板中的"垂直分布间距"按钮 ⬚，如图 6-340 所示。所有被选取的对象将以绿色电池图像作为参照按设置的数值等距离垂直分布，效果如图 6-341 所示。

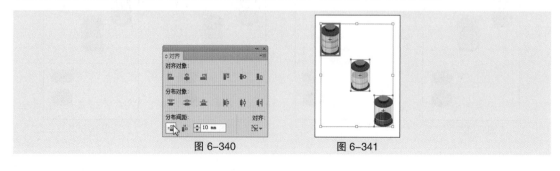

图 6-340　　　　　　图 6-341

8. 水平分布间距

在"对齐"控制面板右下方的数值框中将距离数值设置为 2 mm，如图 6-342 所示。

选取要对齐的对象，如图 6-343 所示。再单击被选取对象中的任意一个对象，该对象将作为其他对象进行分布时的参照。如图 6-344 所示，图例中单击中间的黄色电池图像使之作为参照对象。

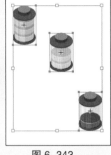
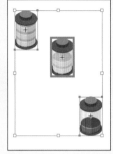

图 6-342 　　　　　　　图 6-343 　　　　　　　图 6-344

单击"对齐"控制面板中的"水平分布间距"按钮，如图 6-345 所示。所有被选取的对象将以黄色电池图像作为参照按设置的数值等距离水平分布，效果如图 6-346 所示。

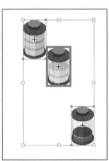

图 6-345 　　　　　　　　　　图 6-346

6.5 ｜ 课堂练习——绘制婴儿贴

【习题知识要点】使用"多边形"工具、"圆角"命令制作婴儿贴底部；使用"偏移路径"命令创建外部路径；使用"椭圆"工具、"简化"命令制作腮红；使用"文字"工具添加文字。效果如图 6-347 所示。

图 6-347

【习题知识要点】使用"矩形"工具绘制矩形；使用"圆角矩形"工具、"矩形"工具和"镜像"命令制作铅笔图形；使用"新建画笔"命令定义画笔；使用"文字"工具添加标题文字。效果如图 6-348 所示。

扫码观看
本案例视频

图 6-348

第 7 章

图表

07

▶ **本章介绍**

      Illustrator CS6 不仅具有强大的绘图功能，而且还具有强大的图表处理功能。本章将系统地介绍 Illustrator CS6 中提供的 9 种基本图表形式，通过学习使用图表工具，可以创建出各种不同类型的表格，以更好地表现复杂的数据。另外，自定义图表各部分的颜色，以及将创建的图案应用到图表中，能更加生动地表现数据内容。

学习目标

- 掌握图表的创建方法
- 了解不同图表之间的转换技巧
- 掌握图表的属性设置
- 掌握自定义图表图案的方法

技能目标

- 掌握"人口预测图表"的制作方法
- 掌握"汽车生产统计图表"的制作方法
- 掌握"绿色环保图表"的制作方法

慕课视频

图表

7.1 创建图表

在 Illustrator CS6 中，提供了 9 种不同的图表工具，利用这些工具可以创建不同类型的图表。

7.1.1 课堂案例——制作人口预测图表

【案例学习目标】学习使用"图表绘制"工具、"图表类型"对话框制作人口预测图表。

【案例知识要点】使用"柱形图"工具绘制柱形图表；使用"折线图"工具绘制折线图表，使用"符号库"命令添加箭头符号；使用"饼图"工具绘制男女比例图。效果如图 7-1 所示。

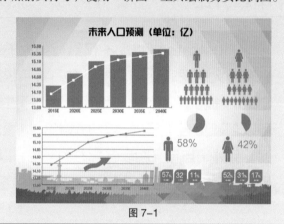

图 7-1

1. 添加柱形图表

（1）按 Ctrl+N 组合键，新建一个文档，设置文档的宽度为 297 mm，高度为 210 mm，取向为横向，颜色模式为 CMYK，单击"确定"按钮。

（2）选择"文件 > 置入"命令，弹出"置入"对话框，选择素材 01 文件，单击"置入"按钮，将图片置入到页面中。在属性中单击"嵌入"按钮，嵌入图片。选择"选择"工具，拖动图片到适当的位置，效果如图 7-2 所示。按 Ctrl+2 组合键，锁定所选对象。

（3）选择"文字"工具，在页面中输入需要的文字。选择"选择"工具，在属性栏中选择合适的字体并设置文字大小，效果如图 7-3 所示。

图 7-2　　　　　　　　　　　　　　　　图 7-3

（4）选择"柱形图"工具，在页面中单击鼠标左键，弹出"图表"对话框，设置如图 7-4 所示，单击"确定"按钮，弹出"图表数据"对话框，输入需要的数据，效果如图 7-5 所示。

扫码观看
扩展案例

扫码观看
本案例视频 1

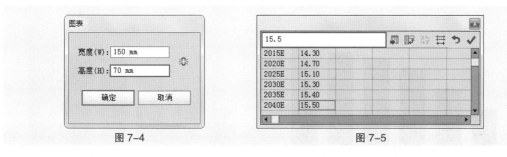

图 7-4　　　　　　　　　　　　　　　　　　　　图 7-5

（5）输入完成后，单击"应用"按钮☑，再关闭"图表数据"对话框，建立柱形图表，效果如图 7-6 所示。双击"柱形图"工具⬛，弹出"图表类型"对话框，设置如图 7-7 所示，单击"确定"按钮，效果如图 7-8 所示。

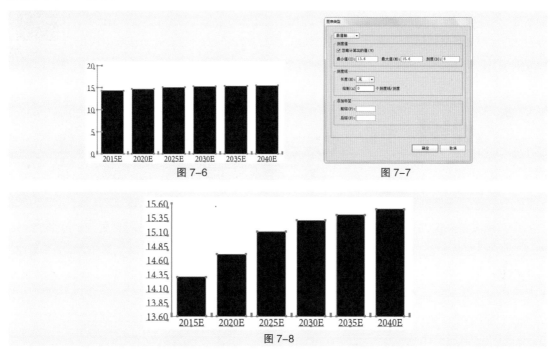

图 7-6　　　　　　　　　　　　　　　　　　　图 7-7

图 7-8

（6）选择"编组选择"工具⬛，按住 Shift 键的同时，选取需要的文字，在属性栏中选择合适的字体并设置文字大小，效果如图 7-9 所示。设置文字填充色为深灰色（0、0、0、80），填充文字，效果如图 7-10 所示。

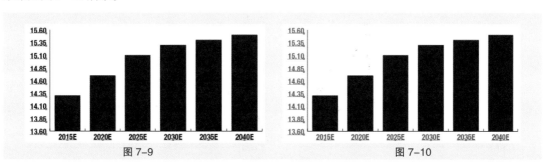

图 7-9　　　　　　　　　　　　　　　　　　图 7-10

（7）选择"编组选择"工具⬛，选取黑色矩形，如图 7-11 所示，选择"选择＞相同＞外观"命令，将所有外观相同的矩形同时选取，设置填充色为蓝色（73、46、10、0），填充图形，并设置描边色为无，效果如图 7-12 所示。

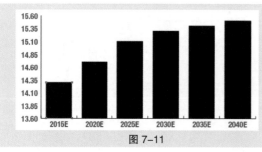

图 7-11

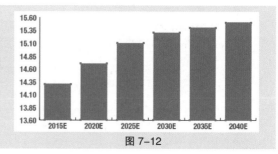

图 7-12

2. 添加折线图表

（1）选择"选择"工具 ，选取柱形图，并将其拖动到页面中适当的位置，效果如图 7-13 所示。选择"折线图"工具 ，在页面中单击鼠标左键，弹出"图表"对话框，设置如图 7-14 所示，单击"确定"按钮，弹出"图表数据"对话框，在对话框中输入需要的文字，如图 7-15 所示。

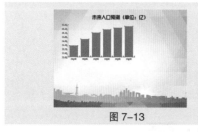

图 7-13

图 7-14

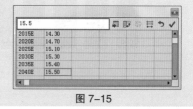

图 7-15

（2）输入完成后，单击"应用"按钮 ，关闭"图表数据"对话框，建立折线图表，效果如图 7-16 所示。双击"柱形图"工具 ，弹出"图表类型"对话框，设置如图 7-17 所示，单击"确定"按钮，效果如图 7-18 所示。用上述方法更改折线图表相应的颜色，效果如图 7-19 所示。

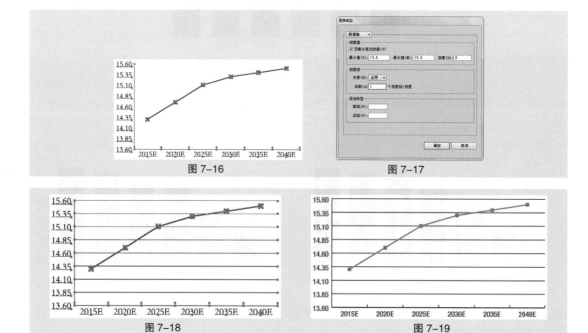

图 7-16

图 7-17

图 7-18

图 7-19

（3）选择"选择"工具 ，选取折线图，并将其拖动到页面中适当的位置，效果如图7-20所示。选择"编组选择"工具 ，按住Shift键的同时，依次单击选取需要的折线，如图7-21所示。

（4）选择"选择"工具 ，按Ctrl+C组合键，复制折线，按Ctrl+V组合键，粘贴折线，拖动折线到适当的位置，并调整其大小，将填充色和描边色均设置为白色，效果如图7-22所示。

图7-20　　　　　　　　图7-21　　　　　　　　图7-22

（5）选择"窗口 > 符号库 > 箭头"命令，弹出"箭头"面板，选取需要的符号，如图7-23所示，拖动符号到页面中的适当位置，效果如图7-24所示。

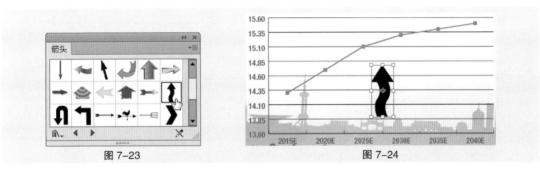

图7-23　　　　　　　　　　　　图7-24

（6）在属性栏中单击"断开链接"按钮，断开符号链接，效果如图7-25所示。设置填充色为蓝色（73、46、10、0），填充图形，效果如图7-26所示。调整其大小并将其旋转到适当的角度，效果如图7-27所示。

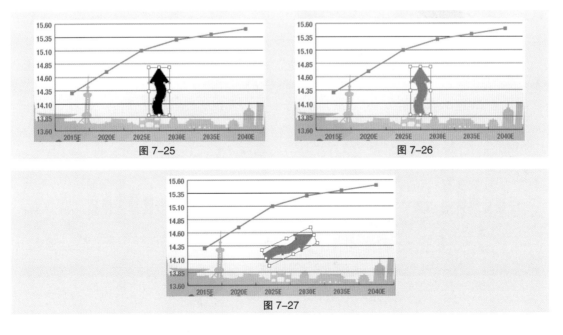

图7-25　　　　　　　　　　　图7-26

图7-27

3. 添加饼图表

（1）按 Ctrl+O 组合键，打开素材 02 文件，选择"选择"工具 ▶ ，选取需要的图形，按 Ctrl+C 组合键，复制图形。选择正在编辑的页面，按 Ctrl+V 组合键，将其粘贴到页面中，并拖动复制的图形到适当的位置，效果如图 7-28 所示。按 Shift+Ctrl+G 组合键，取消图形编组。

（2）选择"饼图"工具 ⊙ ，在页面中单击鼠标左键，弹出"图表"对话框，设置如图 7-29 所示，单击"确定"按钮，弹出"图表数据"对话框，在对话框中输入需要的文字，如图 7-30 所示。

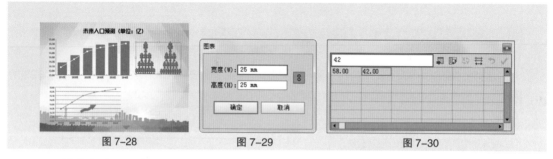

| 图 7-28 | 图 7-29 | 图 7-30 |

（3）输入完成后，单击"应用"按钮 ✓ ，关闭"图表数据"对话框，建立饼图表，效果如图 7-31 所示。用上述方法更改饼图表相应的颜色，效果如图 7-32 所示。选择"选择"工具 ▶ ，选取饼图，并将其拖动到页面中适当的位置，效果如图 7-33 所示。

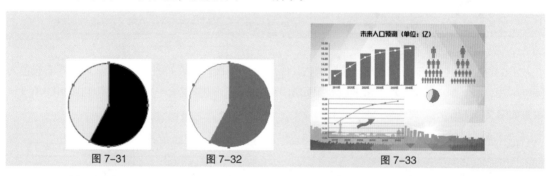

| 图 7-31 | 图 7-32 | 图 7-33 |

（4）选择"选择"工具 ▶ ，选取需要的图形，按住 Alt 键的同时向下拖动图形到适当的位置，并调整其大小，效果如图 7-34 所示。选择"文字"工具 T ，在适当的位置输入需要的文字。选择"选择"工具 ▶ ，在属性栏中选择合适的字体并设置文字大小，设置文字填充色为蓝色（73、46、10、0），填充文字，效果如图 7-35 所示。用相同的方法制作其他图表和比例文字，效果如图 7-36 所示。

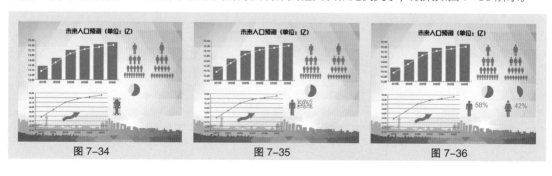

| 图 7-34 | 图 7-35 | 图 7-36 |

（5）选择"钢笔"工具 ✐，在适当的位置绘制一个不规则图形，设置填充色为蓝色（73、46、10、0），填充图形，并设置描边色为无，效果如图 7-37 所示。

（6）选择"文字"工具 🔲，在适当的位置输入需要的文字。选择"选择"工具 ▶，在属性栏中选择合适的字体并设置文字大小，填充文字为白色，效果如图 7-38 所示。用相同的方法制作其他图形和文字，效果如图 7-39 所示。人口预测图表制作完成。

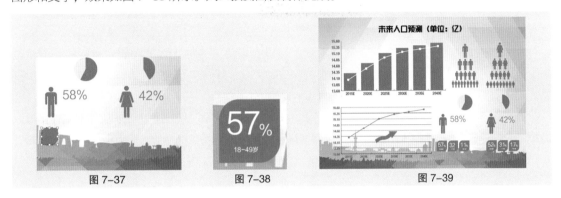

图 7-37　　　　　　　　　　图 7-38　　　　　　　　　　图 7-39

7.1.2　图表工具

在工具箱中的"柱形图工具"按钮 ▥ 上单击并按住鼠标左键不放，将弹出图表工具组。工具组中包含的图表工具依次为"柱形图"工具 ▥、"堆积柱形图"工具 ▥、"条形图"工具 ▤、"堆积条形图"工具 ▤、"折线图"工具 ✍、"面积图"工具 ⬠、"散点图"工具 ⬚、"饼图"工具 ◕ 和"雷达图"工具 ✪，如图 7-40 所示。

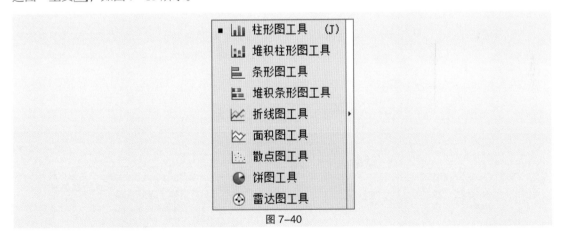

图 7-40

7.1.3　柱形图

柱形图是较为常用的一种图表类型，它使用一些竖排的、高度可变的矩形柱来表示各种数据，矩形的高度与数据大小成正比。创建柱形图的具体步骤如下。

选择"柱形图"工具 ▥，在页面中拖动光标绘制出一个矩形区域来设置图表大小，或在页面上任意位置单击鼠标左键，弹出"图表"对话框，如图 7-41 所示，在"宽度"选项和"高度"选项的数值框中输入图表的宽度和高度数值。设定完成后，单击"确定"按钮，将自动在页面中建立图表，如图 7-42 所示，同时弹出"图表数据"对话框，如图 7-43 所示。

图 7-41　　　　　　　　　　　　　　　图 7-42　　　　　　　　　　　　　　　图 7-43

在"图表数据"对话框左上方的文本框中可以直接输入各种文本或数值，然后按 Tab 键或 Enter 键确认，文本或数值将会自动添加到"图表数据"对话框的单元格中。单击可以选取各个单元格，输入要更改的文本或数据值后，再按 Enter 键确认。

在"图表数据"对话框右上方有一组按钮。单击"导入数据"按钮，可以从外部文件中输入数据信息。单击"换位行 / 列"按钮，可将横排和竖排的数据相互交换位置。单击"切换 X/Y 轴"按钮 ，将调换 X 轴和 Y 轴的位置。单击"单元格样式"按钮，弹出"单元格样式"对话框，可以设置单元格的样式。单击"恢复"按钮，在没有单击应用按钮以前使文本框中的数据恢复到前一个状态。单击"应用"按钮，确认输入的数值并生成图表。

单击"单元格样式"按钮，将弹出"单元格样式"对话框，如图 7-44 所示。在该对话框中可以设置小数位数和列宽度。可以在"小数位数"和"列宽度"选项的文本框中输入所需要的数值。另外，将鼠标指针放置在各单元格相交处时，它会变成两条竖线和双向箭头的形状，这时拖动光标可调整数字栏的宽度。

双击"柱形图"工具，将弹出"图表类型"对话框，如图 7-45 所示。柱形图表是默认的图表，其他参数也是采用默认设置，单击"确定"按钮。

在"图表数据"对话框中的文本表格的第 1 格中单击，删除默认数值 1。按照文本表格的组织方式输入数据。例如，用表格来比较 3 个人 3 个科目的分数情况，如图 7-46 所示。

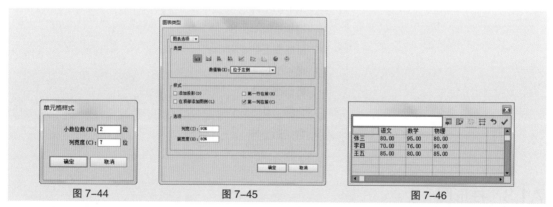

图 7-44　　　　　　　　　　　　　　　图 7-45　　　　　　　　　　　　　　　图 7-46

单击"应用"按钮，生成图表，所输入的数据被应用到图表上，柱形图效果如图 7-47 所示，从图中可以看到，柱形图是对每一行中的数据进行比较。

在"图表数据"对话框中单击换位行与列按钮，互换行、列数据得到新的柱形图，效果如图 7-48 所示。在"图表数据"对话框中单击关闭按钮将对话框关闭。

当需要对柱形图中的数据进行修改时，先选中要修改的图表，选择"对象 > 图表 > 数据"命令，弹出"图表数据"对话框。在对话框中可以再修改数据，设置数据后，单击"应用"按钮，将修改后的数据应用到选定的图表中。

选中图表，用鼠标右键单击页面，在弹出的菜单中选择"类型"命令，弹出"图表类型"对话框，可以在对话框中选择其他的图表类型。

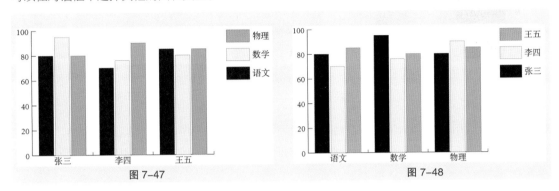

图 7-47   图 7-48

7.1.4　其他图表效果

1. 堆积柱形图

堆积柱形图与柱形图类似，只是它们的显示方式不同。柱形图显示为单一的数据比较，而堆积柱形图显示的是全部数据总和的比较。因此，在进行数据总量的比较时，多用堆积柱形图来表示，效果如图 7-49 所示。从图表中可以看出，堆积柱形图将每个人的数值总量进行比较，并且每一个人都用不同颜色的矩形来显示。

2. 条形图和堆积条形图

条形图与柱形图类似，只是柱形图是以垂直方向上的矩形显示图表中的各组数据，而条形图是以水平方向上的矩形来显示图表中的数据，效果如图 7-50 所示。

堆积条形图与堆积柱形图类似，但是堆积条形图是以水平方向上的矩形条来显示数据总量的，堆积柱形图正好与之相反。堆积条形图的效果如图 7-51 所示。

3. 折线图

折线图可以显示出某种事物随时间变化的发展趋势，很明显地表现出数据的变化走向。折线图也是一种比较常见的图表，给人以直接明了的视觉效果。创建折线图与创建柱形图的步骤相似，选择"折线图"工具，拖动光标绘制出一个矩形区域，或在页面上任意位置单击，在弹出的"图表数据"对话框中输入相应的数据，最后单击"应用"按钮，折线图的效果如图 7-52 所示。

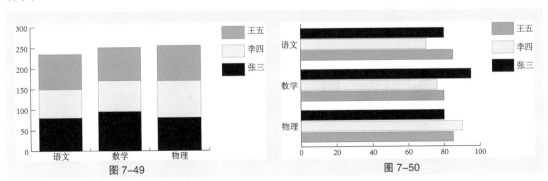

图 7-49   图 7-50

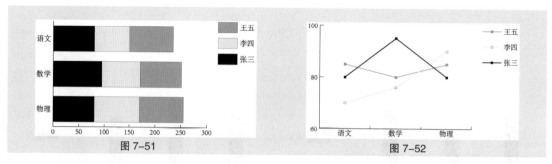

图 7-51   图 7-52

4. 面积图

面积图可以用来表示一组或多组数据。通过不同折线连接图表中所有的点，形成面积区域，并且折线内部可填充为不同的颜色。面积图其实与折线图类似，是一个填充了颜色的线段图表，效果如图 7-53 所示。

5. 散点图

散点图是一种比较特殊的数据图表。散点图的横坐标和纵坐标都是数据坐标，两组数据的交叉点形成了坐标点。因此，它的数据点由横坐标和纵坐标确定。图表中的数据点位置所创建的线能贯穿自身却无具体方向，如图 7-54 所示。散点图不适合用于太复杂的内容，它只适合显示图例的说明。

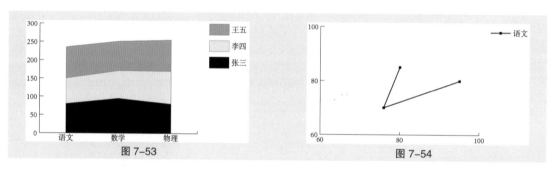

图 7-53   图 7-54

6. 饼图

饼图适用于一个整体中各组成部分的比较。该类图表应用的范围比较广。饼图的数据整体显示为一个圆，每组数据按照其在整体中所占的比例，以不同颜色的扇形区域显示出来。但是它不能准确地显示出各部分的具体数值，效果如图 7-55 所示。

7. 雷达图

雷达图是一种较为特殊的图表类型，它以一种环形的形式对图表中的各组数据进行比较，形成比较明显的数据对比。雷达图适合表现一些变换悬殊的数据，效果如图 7-56 所示。

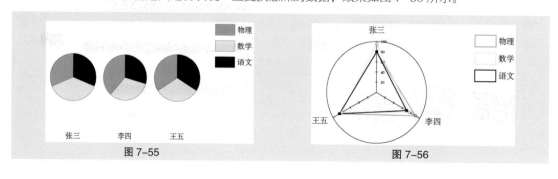

图 7-55   图 7-56

7.2 设置图表

在 Illustrator CS6 中，可以重新调整各种类型图表的选项，以及更改某一组数据，还可以解除图表组合，应用描边或填充颜色。

7.2.1 课堂案例——制作汽车生产统计图表

【案例学习目标】学习使用图表工具制作汽车生产统计图表。

【案例知识要点】使用"置入"命令置入素材图片；使用"文字"工具输入文字；使用"折线图"工具和"填充"工具制作图表效果。效果如图 7-57 所示。

扫码观看
本案例视频

扫码观看
扩展案例

图 7-57

（1）按 Ctrl+N 组合键，新建一个文档，设置文档的宽度为 450 mm，高度为 300 mm，取向为横向，颜色模式为 CMYK，单击"确定"按钮。

（2）选择"文件 > 置入"命令，弹出"置入"对话框，选择素材 01 文件，单击"置入"按钮，将图片置入到页面中。在属性中单击"嵌入"按钮，嵌入图片。选择"选择"工具，拖动图片到适当的位置，效果如图 7-58 所示。按 Ctrl+2 组合键，锁定所选对象。

（3）选择"文字"工具，在页面中分别输入需要的文字。选择"选择"工具，在属性栏中分别选择合适的字体并设置文字大小，效果如图 7-59 所示。

图 7-58

图 7-59

（4）选取文字"纵横……动力"，填充文字为白色，并设置描边色为蓝色（100、61、0、53），填充描边；在属性栏中将"描边粗细"选项设置为2 pt，按Enter键确定操作，效果如图7-60所示。按住Shift键的同时，选取需要的文字，设置文字填充色为蓝色（100、61、0、53），填充文字，效果如图7-61所示。

（5）选择"钢笔"工具 ，在适当的位置绘制一条折线，设置描边色为蓝色（100、61、0、53），填充描边，效果如图7-62所示。

图7-60   图7-61   图7-62

（6）选择"折线图"工具 ，在页面中单击，弹出"图表"对话框，设置如图7-63所示，单击"确定"按钮，弹出"图表数据"对话框，输入需要的数据，效果如图7-64所示。

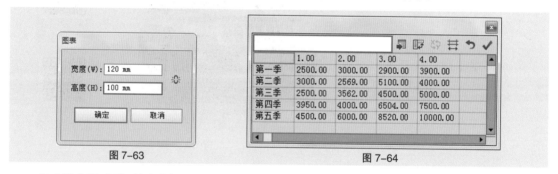

图7-63   图7-64

（7）输入完成后，单击"应用"按钮 ，再关闭"图表数据"对话框，建立折线图，效果如图7-65所示。选择"编组选择"工具 ，按住Shift键的同时，选取需要的文字，在属性栏中选择合适的字体并设置文字大小，效果如图7-66所示。设置文字填充色为蓝色（100、61、0、53），填充文字，效果如图7-67所示。

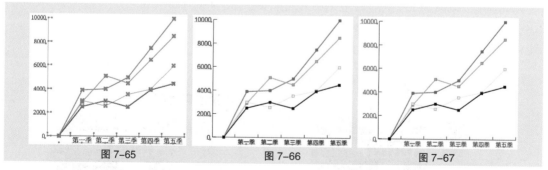

图7-65   图7-66   图7-67

（8）选择"编组选择"工具 ，选取纵坐标，如图7-68所示，选择"选择 > 相同 > 外观"命令，将所有外观相同的线条同时选取，如图7-69所示。在属性栏中将"描边粗细"选项设置为1.5 pt，按Enter键确定操作，效果如图7-70所示。

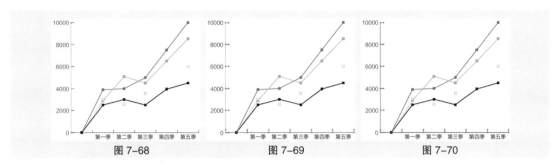

图 7-68　　　　　　　　　　　图 7-69　　　　　　　　　　　图 7-70

（9）选择"编组选择"工具![图标]，选取黑色矩形块，如图 7-71 所示，选择"选择 > 相同 > 外观"命令，将所有外观相同的矩形块同时选取，填充图形为白色，效果如图 7-72 所示。

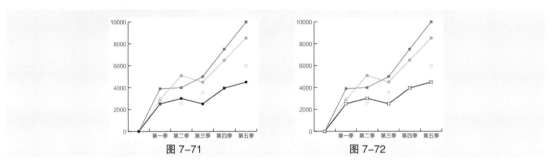

图 7-71　　　　　　　　　　　　　　图 7-72

（10）选择"编组选择"工具![图标]，选取折线，如图 7-73 所示，选择"选择 > 相同 > 外观"命令，将所有外观相同的折线同时选取，设置描边色为蓝色（100、73、100、0），填充描边，效果如图 7-74 所示。用相同的方法选取其他折线并填充相应的颜色，效果如图 7-75 所示。

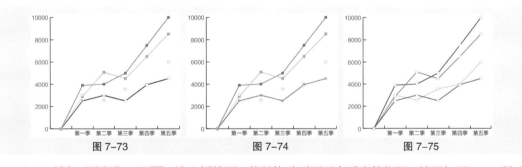

图 7-73　　　　　　　　　　图 7-74　　　　　　　　　　图 7-75

（11）选择"选择"工具![图标]，选取折线图，将其拖动到页面中适当的位置，效果如图 7-76 所示。选择"文字"工具![图标]，在适当的位置输入需要的文字。选择"选择"工具![图标]，在属性栏中选择合适的字体并设置文字大小，效果如图 7-77 所示。

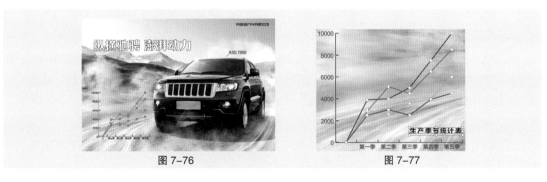

图 7-76　　　　　　　　　　　　　　图 7-77

（12）保持文字的选取状态。设置文字填充色为蓝色（100、61、0、53），填充文字；设置描边色为白色，在属性栏中将"描边粗细"选项设置为 0.5 pt，按 Enter 键确定操作，效果如图 7-78 所示。汽车生产统计图表制作完成，效果如图 7-79 所示。

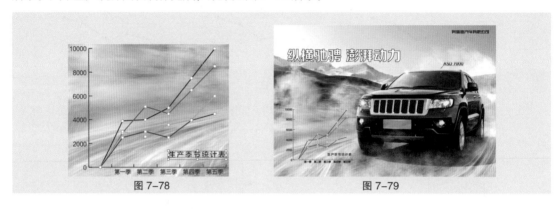

图 7-78　　　　　　　　　　　　　　　　图 7-79

7.2.2　设置"图表数据"对话框

选中图表，单击鼠标右键，在弹出的菜单中选择"数据"命令，或直接选择"对象 > 图表 > 数据"命令，弹出"图表数据"对话框。在对话框中可以进行数据的修改。

编辑一个单元格：选取该单元格，在文本框中输入新的数据，按 Enter 键确认并下移到另一个单元格。

删除数据：选取数据单元格，删除文本框中的数据，按 Enter 键确认并下移到另一个单元格。

删除多个数据：选取要删除数据的多个单元格，选择"编辑 > 清除"命令，即可删除多个数据。

更改图表选项：选中图表，双击"图表工具"或选择"对象 > 图表 > 类型"命令，弹出"图表类型"对话框，如图 7-80 所示。在"数值轴"选项的下拉列表中包括"位于左侧""位于右侧"和"位于两侧"选项，分别用来表示图表中坐标轴的位置，可根据需要选择（对饼形图表来说此选项不可用）。

图 7-80

"样式"选项组包括 4 个选项。勾选"添加投影"复选框，可以为图表添加一种阴影效果；勾选"在顶部添加图例"复选框，可以将图表中的图例说明放到图表的顶部；勾选"第一行在前"复选框，图表中的各个柱形或其他对象将会重叠地覆盖行，并按照从左到右的顺序排列；勾选"第一列在前"复选框，表示使用默认的放置柱形的方式，能够从左到右依次放置柱形。

"选项"选项组包括"列宽"和"簇宽度"两个选项，分别用来控制图表的横栏宽和组宽。横栏宽是指图表中每个柱形条的宽度，组宽是指所有柱形所占据的可用空间。

选择折线图、散点图和雷达图时，"选项"复选框组如图 7-81 所示。勾选"标记数据点"复选框，使数据点显示为正方形，否则直线段中间的数据点不显示；勾选"连接数据点"复选框，在每组数据点之间进行连线，否则只显示一个个孤立的点；勾选"线段边到边跨 X 轴"复选框，将线条从图表左边和右边伸出，它对分散图表无作用；勾选"绘制填充线"复选框，将激活其下方的"线宽"选项。

选择饼图时，"选项"选项组如图 7-82 所示。对于饼图，"图例"选项控制图例的显示，在其下拉列表中，选择"无图例"选项表示不要图例；选择"标准图例"选项表示将图例放在图表的外围；选择"楔形图例"选项表示将图例插入相应的扇形中。"位置"选项控制饼形图形及扇形块的摆放位置，在其下拉列表中，选择"比例"选项将按比例显示各个饼图的大小；选择"相等"选项将使所有饼图的直径相等；选择"堆积"选项表示将所有的饼图叠加在一起。"排序"选项控制图表元素的排列顺序，在其下拉列表中，"全部"选项用于将元素信息由大到小顺时针排列；"第一个"选项用于将最大值元素信息放在顺时针方向的第一个，其余按输入顺序排列；"无"选项用于将元素信息按输入顺序顺时针排列。

图 7-81   图 7-82

7.2.3 设置坐标轴

在"图表类型"对话框左上方选项的下拉列表中选择"数值轴"选项，转换为相应的对话框，如图 7-83 所示。

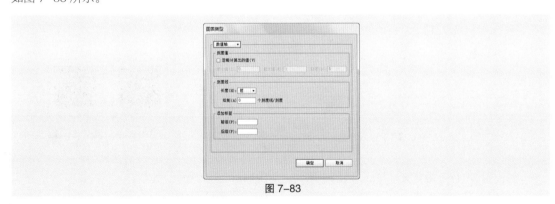

图 7-83

"刻度值"选项组：当勾选"忽略计算出的值"复选框时，下面的 3 个数值框被激活。"最小值"选项中的数值表示坐标轴的起始值，也就是图表原点的坐标值，它不能大于"最大值"选项的数值；"最大值"选项中的数值表示坐标轴的最大刻度值；"刻度"选项中的数值用来决定将坐标轴上下分为多少部分。

"刻度线"选项组："长度"选项的下拉列表中包括 3 项。选择"无"选项，表示不使用刻度标记；选择"短"选项，表示使用短的刻度标记；选择"全宽"选项，刻度线将贯穿整个图表，效果如图 7-84 所示。"绘制"选项数值框中的数值表示每一个坐标轴间隔的区分标记。

"添加标签"选项组："前缀"选项是指在数值前加符号，"后缀"选项是指在数值后加符号。在"后缀"选项的文本框中输入"分"后，图表效果如图 7-85 所示。

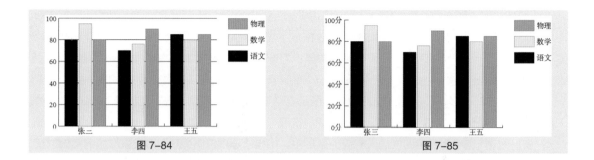

图 7-84　　　　　　　　　　　　　　　　　　图 7-85

7.3　自定义图表

除了提供图表的创建和编辑这些基本的操作外，Illustrator CS6 还可以对图表中的局部进行编辑和修改，并可以自己定义图表的图案，使图表中所表现的数据更加生动。

7.3.1　课堂案例——制作绿色环保图表

【案例学习目标】学习使用"条形图"工具和"折线图"工具制作绿色环保图表。

【案例知识要点】使用"条形图"工具建立条形图表；使用"折线图"工具建立折线图表；使用"编组选择"工具、"填充"工具更改图表的颜色。效果如图 7-86 所示。

扫码观看　　　扫码观看
本案例视频　　扩展案例

图 7-86

（1）按 Ctrl+O 组合键，打开素材 01 文件，效果如图 7-87 所示。

（2）选择"条形图"工具，在页面中单击鼠标左键，弹出"图表"对话框，设置如图 7-88 所示，单击"确定"按钮，弹出"图表数据"对话框，设置如图 7-89 所示。

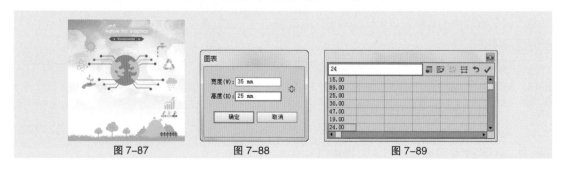

图 7-87　　　　　　图 7-88　　　　　　　　　　图 7-89

（3）输入完成后，单击"应用"按钮☑️，关闭"图表数据"对话框，建立条形图表，效果如图7-90所示。选择"编组选择"工具🔽，按住Shift键的同时，选取需要的文字，在属性栏中选择合适的字体并设置文字大小，效果如图7-91所示。

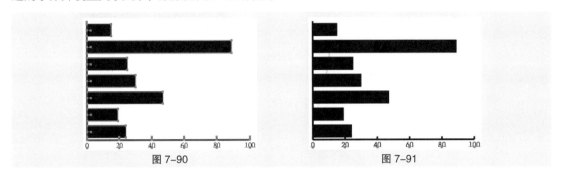

图7-90   图7-91

（4）选择"编组选择"工具🔽，选取纵坐标，如图7-92所示，选择"选择 > 相同 > 外观"命令，将所有外观相同的线条同时选取，如图7-93所示。设置描边色为蓝色（65、11、0、0），填充描边，效果如图7-94所示。

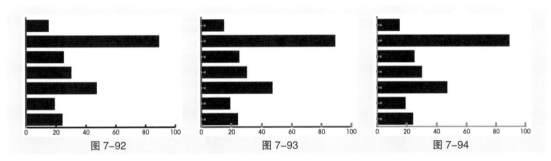

图7-92   图7-93   图7-94

（5）选择"编组选择"工具🔽，选取黑色矩形，如图7-95所示，选择"选择 > 相同 > 外观"命令，将所有外观相同的矩形同时选取，设置填充色为草绿色（48、0、96、0），填充图形，并设置描边色为无，效果如图7-96所示。

（6）选择"文字"工具🆃，在适当的位置分别输入需要的文字。选择"选择"工具🔺，在属性栏中分别选择合适的字体并设置文字大小，效果如图7-97所示。

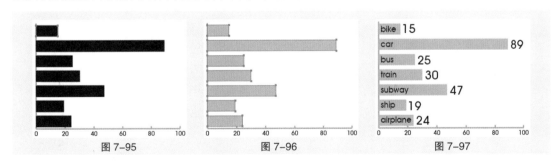

图7-95   图7-96   图7-97

（7）选择"选择"工具🔺，用框选的方法将条形图和文字同时选取，按Ctrl+G组合键，将其编组，拖动编组图形到页面中适当的位置，效果如图7-98所示。

（8）按Ctrl+O组合键，打开素材02文件，选择"选择"工具🔺，选取需要的图形，按Ctrl+C组合键，复制图形。选择正在编辑的页面，按Ctrl+V组合键，将其粘贴到页面中，并拖动复制的图形到适当的位置，效果如图7-99所示。

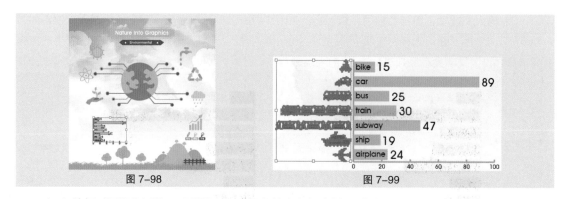

图 7-98　　　　　　　　　　　　　图 7-99

（9）选择"圆角矩形"工具，在页面中单击鼠标左键，弹出"圆角矩形"对话框，选项的设置如图 7-100 所示，单击"确定"按钮，出现一个圆角矩形。选择"选择"工具，拖动圆角矩形到适当的位置，设置填充色为棕色（36、65、79、0），填充图形，并设置描边色为无，效果如图 7-101所示。

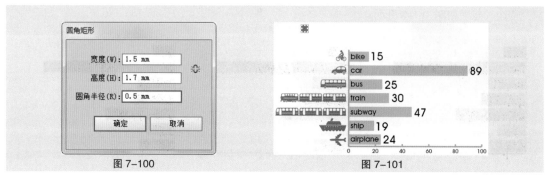

图 7-100　　　　　　　　　　　　图 7-101

（10）选择"选择"工具，按住 Alt+Shift 组合键的同时，水平向右拖动图形到适当的位置，复制图形，效果如图 7-102 所示。按 Ctrl+D 组合键，再复制出一个图形，效果如图 7-103 所示。

图 7-102　　　　　　　　　　　　图 7-103

（11）选择"直接选择"工具，用框选的方法选取圆角矩形上方的锚点。按住 Shift 键的同时，水平向上拖动锚点到适当的位置，调整其大小，效果如图 7-104 所示。

（12）选择"选择"工具，选取图形，设置填充色为草绿色（48、0、96、0），填充图形，效果如图 7-105 所示。用相同的方法调整其他圆角矩形的锚点，效果如图 7-106 所示。

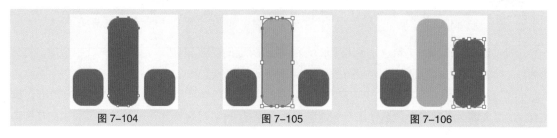

图 7-104　　　　　　　图 7-105　　　　　　　图 7-106

（13）选择"文字"工具$\boxed{T}$，在适当的位置输入需要的文字。选择"选择"工具$\boxed{k}$，在属性栏中选择合适的字体并设置文字大小，效果如图 7-107 所示。

图 7-107

（14）选择"折线图"工具$\boxed{\mathcal{L}}$，在页面中单击鼠标左键，弹出"图表"对话框，设置如图 7-108所示，单击"确定"按钮，弹出"图表数据"对话框，在对话框中输入需要的文字，如图 7-109 所示。输入完成后，单击"应用"按钮$\boxed{\checkmark}$，关闭"图表数据"对话框，建立折线图表，效果如图 7-110所示。

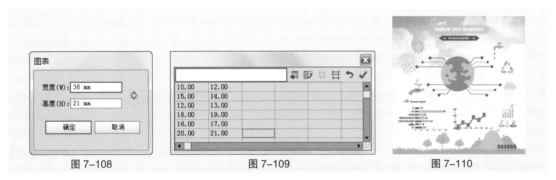

图 7-108　　　　　图 7-109　　　　　图 7-110

（15）用同样的方法更改折线图表相应的颜色，效果如图 7-111 所示。绿色环保图表制作完成，效果如图 7-112 所示。

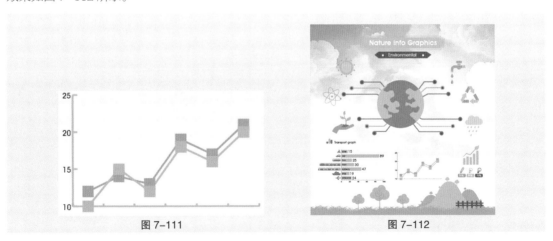

图 7-111　　　　　　　　　图 7-112

7.3.2　自定义图表图案

在页面中绘制图形，效果如图 7-113 所示。选中图形，选择"对象 > 图表 > 设计"命令，弹出"图表设计"对话框。单击"新建设计"按钮，在预览框中将会显示所绘制的图形，对话框中的"删除设计"按钮、"粘贴设计"按钮和"选择未使用的设计"按钮将被激活，如图 7-114 所示。

单击"重命名"按钮，弹出"重命名"对话框，在对话框中输入自定义图案的名称，如图7-115所示，单击"确定"按钮，完成命名。

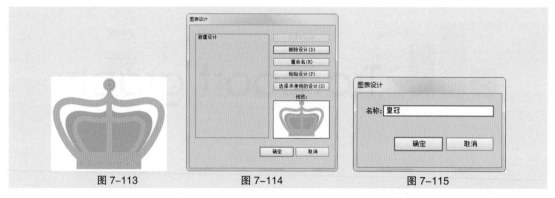

图 7-113　　　　　　　图 7-114　　　　　　　图 7-115

在"图表设计"对话框中单击"粘贴设计"按钮，可以将图案粘贴到页面中，对其重新进行修改和编辑。编辑修改后的图案，还可以再将其重新定义。在对话框中编辑完成后，单击"确定"按钮，完成对一个图表图案的定义。

7.3.3　应用图表图案

用户可以将自定义的图案应用到图表中。选择要应用图案的图表，再选择"对象 > 图表 > 柱形图"命令，弹出"图表列"对话框。

在"图表列"对话框中，"列类型"选项包括 4 种缩放图案的类型："垂直缩放"选项表示根据数据的大小，对图表的自定义图案进行垂直方向上的放大与缩小，水平方向上保持不变；"一致缩放"选项表示图表将按照图案的比例并结合图表中数据的大小对图案进行放大和缩小；"重复堆叠"选项可以把图案的一部分拉伸或压缩，该选项要与"每个设计表示"选项、"对于分数"选项结合使用。"每个设计表示"选项表示每个图案代表几个单位，如果在数值框中输入 50，表示 1 个图案就代表 50 个单位。在"对于分数"选项的下拉列表中，"截断设计"选项表示不足一个图案由图案的一部分来表示；"缩放设计"选项表示不足一个图案时，通过对最后那个图案成比例地压缩来表示。设置完成后，对话框如图 7-116 所示，单击"确定"按钮，将自定义的图案应用到图表中，如图 7-117所示。

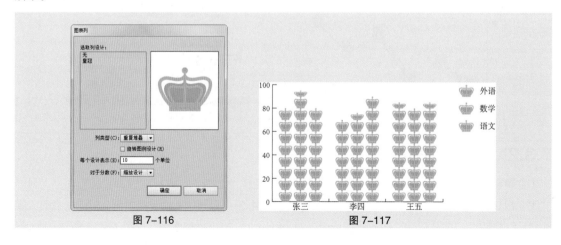

图 7-116　　　　　　　　　　　　　图 7-117

7.4 课堂练习——制作女性消费统计表

【习题知识要点】使用"条形图"工具和"渐变"工具绘制图表；使用"文字"工具添加文字；使用"直线"工具绘制线段。效果如图 7-118 所示。

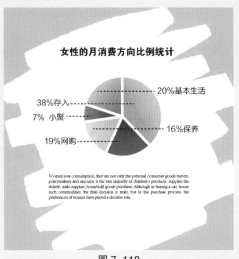

扫码观看
本案例视频

图 7-118

7.5 课后习题——制作银行统计表

【习题知识要点】使用"柱形图"工具建立柱形图表；使用"设计"命令定义图案；使用"柱形图"命令制作图案图表。效果如图 7-119 所示。

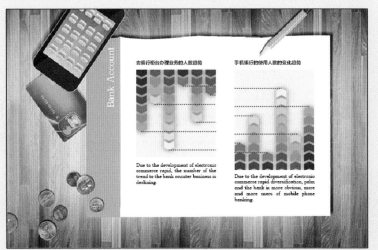

扫码观看
本案例视频

图 7-119

第 8 章

特效

08

▶ **本章介绍**

本章将主要讲解混合、封套和效果等特效，通过本章的学习，读者可以掌握混合和封套效果的使用方法，以及Illustrator CS6 中强大的效果功能，并把变化丰富的图形图像效果应用到实际中。

学习目标

● 掌握混合效果的创建方法
● 掌握"封套变形"命令的使用技巧
● 掌握 Illustrator 效果的使用方法
● 掌握 Photoshop 效果的使用方法

技能目标

● 掌握"圣诞代金券"的制作方法
● 掌握"锯齿状文字效果"的制作方法
● 掌握"镂空文字效果"的制作方法
● 掌握"马赛克文字效果"的制作方法

慕课视频

特效

8.1 混合效果的使用

"混合"命令可以创建一系列处于两个自由形状之间的路径，也就是一系列样式递变的过渡图形。该命令可以在两个或两个以上的图形对象之间使用。

8.1.1 课堂案例——制作圣诞代金券

【案例学习目标】学习使用"混合"工具制作文字的立体化效果。

【案例知识要点】使用"文字"工具添加文字；使用"混合"工具、"建立"命令制作立体化文字效果；使用"星形"工具、"直线段"工具和"渐变"控制面板制作装饰图形。效果如图 8-1 所示。

图 8-1

（1）按 Ctrl+O 组合键，打开素材 01 文件，如图 8-2 所示。

（2）选择"文字"工具，在页面中分别输入需要的文字，选择"选择"工具，在属性栏中选择合适的字体并设置文字大小，效果如图 8-3 所示。

图 8-2

图 8-3

（3）选取数字"20"，设置文字填充色为红色（0、100、100、35），填充文字，效果如图 8-4 所示。按 Ctrl+C 组合键，复制文字，按 Ctrl+F 组合键，将复制的文字粘贴在前面，填充文字为黑色，效果如图 8-5 所示。

图 8-4　　　　图 8-5

（4）保持文字的选取状态。按 Ctrl+T 组合键，弹出"字符"控制面板，将"水平缩放"选项  设置为 102%，其他选项的设置如图 8-6 所示；按 Enter 键确定操作，效果如图 8-7 所示。按 Shift+ →组合键，微调文字，效果如图 8-8 所示。

图 8-6　　　　　　　图 8-7　　　　　　　图 8-8

（5）按 Ctrl+ [组合键，后移一层，效果如图 8-9 所示。选择"选择"工具，按住 Shift 键的同时，单击原文字将其同时选取，如图 8-10 所示。

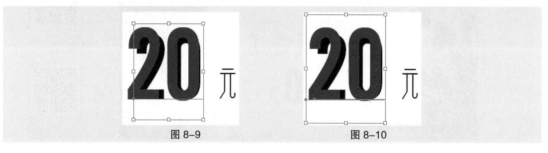

图 8-9　　　　　　　　　　图 8-10

（6）双击"混合"工具，在弹出的"混合选项"对话框中进行设置，如图 8-11 所示，单击"确定"按钮；按 Alt+Ctrl+B 组合键，生成混合，效果如图 8-12 所示。

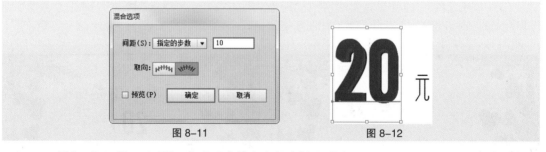

图 8-11　　　　　　　　　　图 8-12

（7）选择"星形"工具，在页面中单击鼠标左键，弹出"星形"对话框，选项的设置如图 8-13 所示，单击"确定"按钮，出现一个星形。选择"选择"工具，拖动星形到适当的位置，效果如图 8-14 所示。

图 8-13　　　　　　　　　　图 8-14

（8）双击"渐变"工具 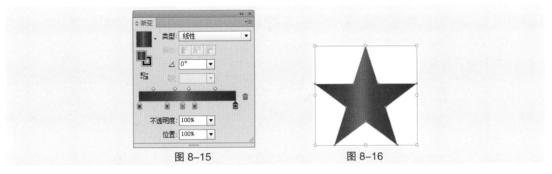，弹出"渐变"控制面板，在色带上设置两个渐变滑块，分别将渐变滑块的位置设置为 0、29、45、58、100，并设置 C、M、Y、K 的值分别为 0（49、100、100、26）、29（16、99、100、0）、45（9、79、62、0）、58（16、99、100、0）、100（54、98、100、43），其他选项的设置如图 8-15 所示，图形被填充为渐变色，并设置描边色为无，效果如图 8-16 所示。

图 8-15   图 8-16

（9）选择"直线段"工具，按住 Shift 键的同时，在适当的位置绘制一条直线，如图 8-17 所示。选择"吸管"工具，将吸管图标 放置在右侧星形上，如图 8-18 所示，单击鼠标左键吸取其属性，效果如图 8-19 所示。

（10）选择"选择"工具，按住 Alt+Shift 组合键的同时，水平向右拖动直线到适当的位置，复制直线，效果如图 8-20 所示。

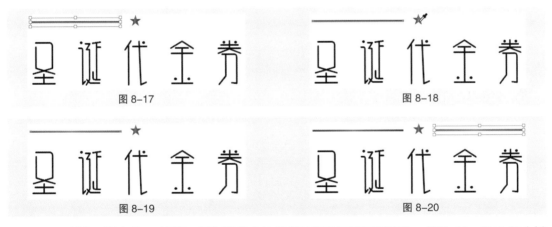

图 8-17   图 8-18

图 8-19   图 8-20

（11）选择"选择"工具，用框选的方法将所绘制的图形同时选取，按住 Alt+Shift 组合键的同时，垂直向下拖动图形到适当的位置，复制图形，效果如图 8-21 所示。圣诞代金券制作完成，效果如图 8-22 所示。

图 8-21   图 8-22

8.1.2　创建混合对象

选择"混合"命令可以对整个图形、部分路径或控制点进行混合。混合对象后，中间各级路径上的点的数量、位置及点之间线段的性质取决于起始对象和终点对象上点的数目，同时还取决于在每个路径上指定的特定点。

"混合"命令试图匹配起始对象和终点对象上的所有点，并在每对相邻的点间画条线段。起始对象和终点对象最好包含相同数目的控制点。如果两个对象含有不同数目的控制点，Illustrator 将在中间级中增加或减少控制点。

1.　创建混合对象

（1）应用混合工具创建混合对象。选择"选择"工具，选取要进行混合的两个对象，如图 8-23 所示。选择"混合"工具，用鼠标单击要混合的起始图像，如图 8-24 所示。在另一个要混合的图像上进行单击，将它设置为目标图像，如图 8-25 所示，绘制出的混合图像效果如图 8-26 所示。

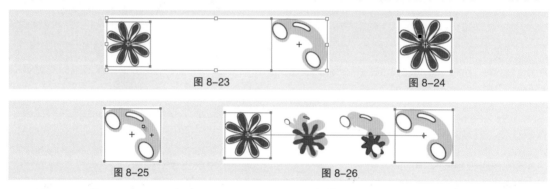

图 8-23　　　　　　　　　　　图 8-24

图 8-25　　　　　　　　　　　图 8-26

（2）应用命令创建混合对象。选择"选择"工具，选取要进行混合的对象。选择"对象 >混合 > 建立"命令（组合键为 Alt+Ctrl+B），绘制出混合图像。

2.　创建混合路径

选择"选择"工具，选取要进行混合的对象，如图 8-27 所示。选择"混合"工具，单击要混合的起始路径上的某一节点，光标变为实心，如图 8-28 所示。单击另一个要混合的目标路径上的某一节点，将它设置为目标路径，如图 8-29 所示。绘制出混合路径，效果如图 8-30 所示。

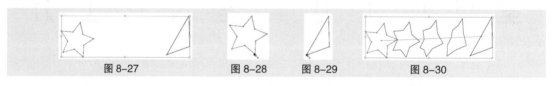

图 8-27　　　　　　　图 8-28　　　　图 8-29　　　　　　图 8-30

> 提 示：在起始路径和目标路径上单击的节点不同，所得出的混合效果也不同。

3.　继续混合其他对象

选择"混合"工具，单击混合路径中最后一个混合对象路径上的节点，如图 8-31 所示。单击想要添加的其他对象路径上的节点，如图 8-32 所示。继续混合对象后的效果如图 8-33 所示。

图 8-31　　　　　　　　　　　图 8-32

图 8-33

4. 释放混合对象

选择"选择"工具，选取一组混合对象，如图 8-34 所示。选择"对象 > 混合 > 释放"命令（组合键为 Alt+Shift+Ctrl+B），释放混合对象，效果如图 8-35 所示。

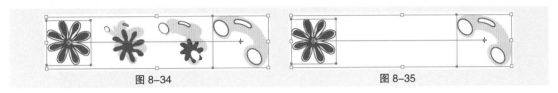

图 8-34　　　　　　　　　　　　　　　　　　图 8-35

5. 使用"混合选项"对话框

选择"选择"工具，选取要进行混合的对象，如图 8-36 所示。选择"对象 > 混合 > 混合选项"命令，弹出"混合选项"对话框，在对话框中"间距"选项的下拉列表中选择"平滑颜色"，可以使混合的颜色保持平滑，如图 8-37 所示。

在对话框中"间距"选项的下拉列表中选择"指定的步数"，可以设置混合对象的步骤数，如图 8-38 所示。

在对话框中"间距"选项的下拉列表中选择"指定的距离"，可以设置混合对象间的距离，如图 8-39 所示。

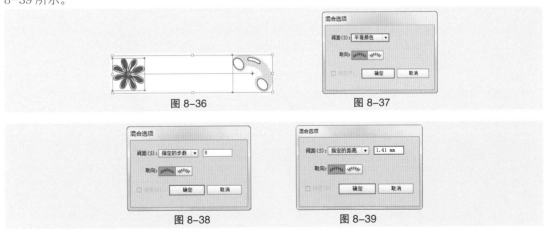

图 8-36　　　　　　　　　　　　　　　　　　图 8-37

图 8-38　　　　　　　　　　　　　　　　　　图 8-39

在对话框的"取向"选项组中有"对齐页面"和"对齐路径"两个选项可以选择。设置某个选项后，如图 8-40 所示，单击"确定"按钮。选择"对象 > 混合 > 建立"命令，将对象混合，效果如图 8-41 所示。

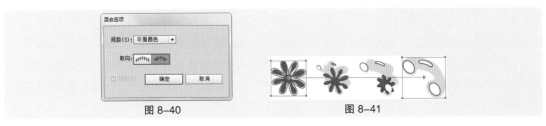

图 8-40　　　　　　　　　　　　图 8-41

8.1.3 混合的形状

"混合"命令可以将一种形状变形成另一种形状。

1. 多个对象的混合变形

选择"钢笔"工具 ![钢笔], 在页面上绘制 4 个形状不同的对象, 如图 8-42 所示。

选择"混合"工具 ![混合], 单击第 1 个对象, 接着按照顺时针的方向, 依次单击每个对象, 这样每个对象都被混合了, 效果如图 8-43 所示。

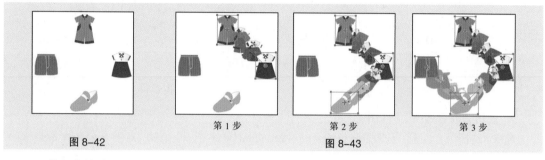

图 8-42　　　　第 1 步　　　　第 2 步　　　　第 3 步

图 8-43

2. 绘制立体效果

选择"钢笔"工具 ![钢笔], 在页面上绘制灯笼的上底、下底和边缘线, 如图 8-44 所示。选取灯笼的左右两条边缘线, 如图 8-45 所示。

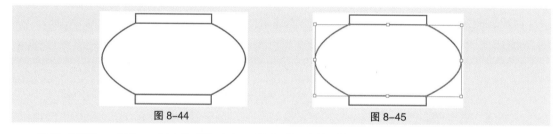

图 8-44　　　　　　　　　图 8-45

选择"对象 > 混合 > 混合选项"命令, 弹出"混合选项"对话框, 设置"指定的步数"选项数值框中的数值为 4, 在"取向"选项组中选择"对齐页面"选项, 如图 8-46 所示, 单击"确定"按钮。选择"对象 > 混合 > 建立"命令, 灯笼上面的立体竹竿即绘制完成, 效果如图 8-47 所示。

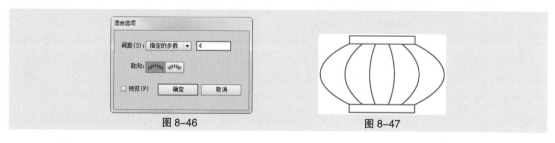

图 8-46　　　　　　　　　图 8-47

8.1.4 编辑混合路径

在制作混合图形之前, 需要修改混合选项的设置, 否则系统将采用默认的设置建立混合图形。

混合得到的图形由混合路径相连接, 自动创建的混合路径默认是直线, 如图 8-48 所示, 可以编辑这条混合路径。编辑混合路径可以添加、减少控制点, 以及扭曲混合路径, 也可将直角控制点转换为曲线控制点。

图 8-48

选择"对象 > 混合 > 混合选项"命令,弹出"混合选项"对话框,在"间距"选项组中包括 3 个选项,如图 8-49 所示。

"平滑颜色"选项:按进行混合的两个图形的颜色和形状来确定混合的步数,为默认的选项,效果如图 8-50 所示。

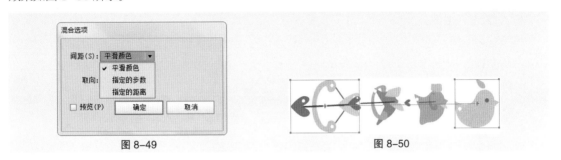

图 8-49   图 8-50

"指定的步数"选项:控制混合的步数。当"指定的步数"选项设置为 2 时,效果如图 8-51 所示。当"指定的步数"选项设置为 7 时,效果如图 8-52 所示。

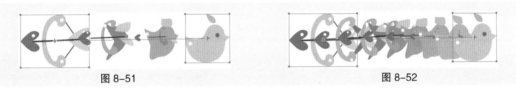

图 8-51   图 8-52

"指定的距离"选项:控制每一步混合的距离。当"指定的距离"选项设置为 25 时,效果如图 8-53 所示。当"指定的距离"选项设置为 2 时,效果如图 8-54 所示。

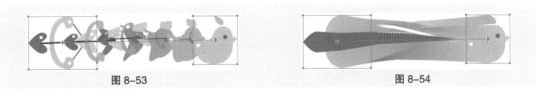

图 8-53   图 8-54

如果想要将混合图形与存在的路径结合,可同时选取混合图形和外部路径,选择"对象 > 混合 > 替换混合轴"选项,可以替换混合图形中的混合路径,混合前后的效果对比如图 8-55 和图 8-56 所示。

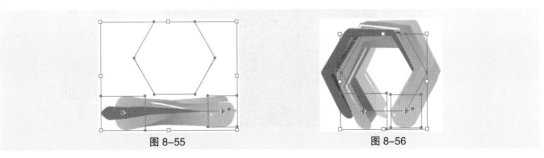

图 8-55   图 8-56

8.1.5 操作混合对象

1. 改变混合图像的重叠顺序

选取混合图像，选择"对象 > 混合 > 反向堆叠"命令，混合图像的重叠顺序将被改变，改变前后的效果对比如图 8-57 和图 8-58 所示。

图 8-57   图 8-58

2. 打散混合图像

选取混合图像，选择"对象 > 混合 > 扩展"命令，混合图像将被打散，打散前后的效果对比如图 8-59 和图 8-60 所示。

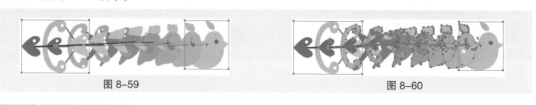

图 8-59   图 8-60

8.2 封套效果的使用

Illustrator CS6 中提供了不同形状的封套类型，利用不同的封套类型可以改变选定对象的形状。封套不仅可以应用到选定的图形中，还可以应用于路径、复合路径、文本对象、网格、混合或导入的位图当中。

当对一个对象使用封套时，对象就像被放入到一个特定的容器中，封套使对象的本身发生相应的变化。同时，对于应用了封套的对象，还可以对其进行一定的编辑，如修改、删除等操作。

8.2.1 课堂案例——制作锯齿状文字效果

【案例学习目标】学习使用"文字"工具和"封套扭曲"命令制作返现券效果。

【案例知识要点】使用"文字"工具、"就地粘贴"命令和"描边"控制面板制作锯齿状文字；使用"用变形建立"命令将锯齿状文字变形。效果如图 8-61 所示。

图 8-61

扫码观看
本案例视频

扫码观看
扩展案例

（1）按 Ctrl+N 组合键，新建一个文档，设置文档的宽度为 297 mm，高度为 210 mm，取向为横向，颜色模式为 CMYK，单击"确定"按钮。

（2）选择"文件 > 置入"命令，弹出"置入"对话框，选择素材 01 文件，单击"置入"按钮，将图片置入到页面中。在属性中单击"嵌入"按钮，嵌入图片，效果如图 8-62 所示。

（3）选择"窗口 > 对齐"命令，弹出"对齐"控制面板，将对齐方式设为"对齐画板"，如图 8-63 所示。分别单击"水平居中对齐"按钮和"垂直居中对齐"按钮，图片与页面居中对齐，效果如图 8-64 所示。按 Ctrl+2 组合键，锁定所选对象。

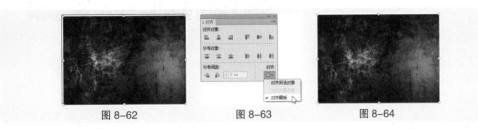

图 8-62　　　　　　　　　图 8-63　　　　　　　　　图 8-64

（4）选择"文字"工具，在页面外输入需要的文字，选择"选择"工具，在属性栏中选择合适的字体并设置文字大小，效果如图 8-65 所示。按 Shift+Ctrl+O 组合键，将文字转化为轮廓，效果如图 8-66 所示。按 Shift+Ctrl+G 组合键，取消图形编组。

图 8-65　　　　　　　　　　　　　　　　图 8-66

（5）选择"缩放"工具，放大显示视图。选择"矩形"工具，在"S"文字上分别绘制 5 个矩形，选择"选择"工具，按住 Shift 键的同时，将所绘制的矩形同时选取，填充图形为白色，并设置描边色为无，效果如图 8-67 所示。

（6）选择"选择"工具，按住 Shift 键的同时，单击"S"文字将其同时选取，选择"窗口 > 路径查找器"命令，弹出"路径查找器"控制面板，单击"减去顶层"按钮，如图 8-68 所示；生成新的对象，效果如图 8-69 所示。

图 8-67　　　　　　　　　图 8-68　　　　　　　　　图 8-69

（7）用相同的方法制作其他文字图形，效果如图 8-70 所示。选择"选择"工具，用框选的方法将所有文字同时选取，按 Ctrl+G 组合键，将其编组，如图 8-71 所示。

图 8-70　　　　　　　　　　　　图 8-71

（8）填充描边为黑色，选择"窗口 > 描边"命令，弹出"描边"控制面板，单击"对齐描边"选项中的"使描边外侧对齐"按钮，其他选项的设置如图 8-72 所示；按 Enter 键确定操作，描边效果如图 8-73 所示。

图 8-72　　　　　　　　　　　　　　图 8-73

（9）按 Ctrl+C 组合键，复制文字。按 Shift+Ctrl+V 组合键，就地粘贴文字，填充文字为白色，效果如图 8-74 所示。选择"选择"工具，微调文字到适当的位置，效果如图 8-75 所示。

图 8-74　　　　　　　　　　　　　　图 8-75

（10）保持文字的选取状态，按 Ctrl+C 组合键，复制文字。按 Shift+Ctrl+V 组合键，就地粘贴文字，按 Shift+X 组合键，互换填色和描边，并在属性栏中将"描边粗细"选项设置为 4 pt，按 Enter 键确定操作，效果如图 8-76 所示。

（11）双击"渐变"工具，弹出"渐变"控制面板，在色带上设置两个渐变滑块，分别将渐变滑块的位置设置为 0、100，并设置 C、M、Y、K 的值分别为 0（68、97、95、67）、100（0、100、100、0），其他选项的设置如图 8-77 所示，文字被填充为渐变色，效果如图 8-78 所示。

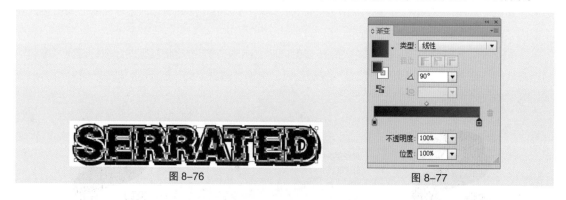

图 8-76　　　　　　　　　　　　　　图 8-77

图 8-78

（12）选择"选择"工具，用框选的方法将所有文字同时选取，按 Ctrl+G 组合键，将其编组，并拖动编组文字到页面中适当的位置，效果如图 8-79 所示。

（13）选择"对象 > 封套扭曲 > 用变形建立"命令，在弹出的对话框中进行设置，如图 8-80 所示，单击"确定"按钮，取消图形的选取状态，效果如图 8-81 所示。锯齿状文字效果制作完成。

| 图 8-79 | 图 8-80 | 图 8-81 |

8.2.2 创建封套

当需要使用封套来改变对象的形状时，可以应用程序所预设的封套图形，或者使用网格工具调整对象，还可以使用自定义图形作为封套。但是，该图形必须处于所有对象的最上层。

（1）从应用程序预设的形状创建封套。选中对象，选择"对象 > 封套扭曲 > 用变形建立"命令（组合键为 Alt+Shift+Ctrl+W），弹出"变形选项"对话框，如图 8-82 所示。

在"样式"选项的下拉列表中提供了 15 种封套类型，可根据需要选择，如图 8-83 所示。

"水平"选项和"垂直"选项用来设置指定封套类型的放置位置。选定一个选项，在"弯曲"选项中设置对象的弯曲程度，可以设置应用封套类型在水平或垂直方向上的比例。勾选"预览"复选框，预览设置的封套效果，单击"确定"按钮，将设置好的封套应用到选定的对象中，图形应用封套前后的对比效果如图 8-84 所示。

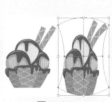

| 图 8-82 | 图 8-83 | 图 8-84 |

（2）使用网格建立封套。选中对象，选择"对象 > 封套扭曲 > 用网格建立"命令（组合键为 Alt+Ctrl+M），弹出"封套网格"对话框。在"行数"选项和"列数"选项的数值框中，可以根据需要输入网格的行数和列数，如图 8-85 所示，单击"确定"按钮，设置完成的网格封套将应用到选定的对象中，如图 8-86 所示。

设置完成的网格封套还可以通过"网格"工具 进行编辑。选择"网格"工具 ，单击网格封套对象，即可增加对象上的网格数，如图 8-87 所示。按住 Alt 键的同时，单击对象上的网格点和网格线，可以减少网格封套的行数和列数。用"网格"工具 拖动网格点可以改变对象的形状，如图 8-88 所示。

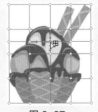

| 图 8-85 | 图 8-86 | 图 8-87 | 图 8-88 |

（3）使用路径建立封套。同时选中对象和想要用来作为封套的路径（这时封套路径必须处于所有对象的最上层），如图 8-89 所示。选择"对象 > 封套扭曲 > 用顶层对象建立"命令（组合键为 Alt+Ctrl+C），使用路径创建的封套效果如图 8-90 所示。

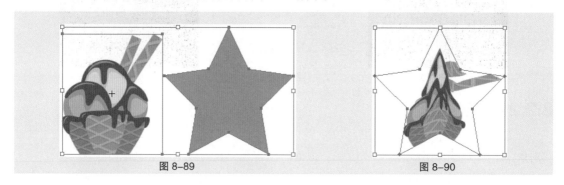

图 8-89　　　　　　　　　　　　　　　图 8-90

8.2.3　编辑封套

用户可以对创建的封套进行编辑。由于创建的封套是将封套和对象组合在一起的，所以，既可以编辑封套，也可以编辑对象，但是两者不能同时编辑。

1. 编辑封套形状

选择"选择"工具 ↖，选取一个含有对象的封套。选择"对象 > 封套扭曲 > 用变形重置"命令或"用网格重置"命令，弹出"变形选项"对话框或"重置封套网格选项"对话框，这时，可以根据需要重新设置封套类型，效果如图 8-91 和图 8-92 所示。

选择"直接选择"工具 ▷ 或使用"网格"工具 ▦ 可以拖动封套上的锚点进行编辑。还可以使用"变形"工具 ✍ 对封套进行扭曲变形，效果如图 8-93 所示。

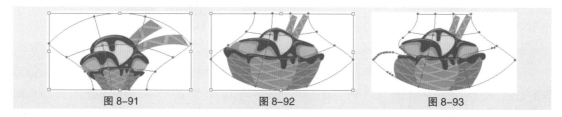

图 8-91　　　　　　　　图 8-92　　　　　　　　图 8-93

2. 编辑封套内的对象

选择"选择"工具 ↖，选取含有封套的对象，如图 8-94 所示。选择"对象 > 封套扭曲 > 编辑内容"命令（组合键为 Shift+Ctrl+V），对象将会显示原来的选框，如图 8-95 所示。这时在"图层"控制面板中的封套图层左侧将显示一个小三角形，表示可以修改封套中的内容，如图 8-96 所示。

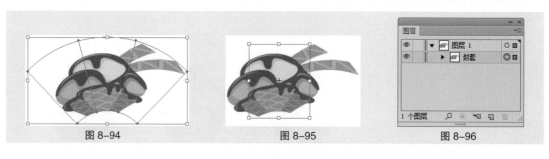

图 8-94　　　　　　　　图 8-95　　　　　　　　图 8-96

8.2.4　设置封套属性

对封套进行设置，使封套更好地符合图形绘制的要求。

选择一个封套对象，选择"对象 > 封套扭曲 > 封套选项"命令，弹出"封套选项"对话框，如图 8-97 所示。

勾选"消除锯齿"复选框，可以在使用封套变形的时候防止锯齿的产生，保持图形的清晰度。在编辑非直角封套时，可以选择"剪切蒙版"和"透明度"两种方式保护图形。"保真度"选项用来设置对象适合封套的保真度。当勾选"扭曲外观"复选框后，下方的两个选项将被激活。它可使对象具有外观属性，如应用了特殊效果，

图 8-97

对象也随着发生扭曲变形。"扭曲线性渐变填充"和"扭曲图案填充"复选框，分别用于扭曲对象的直线渐变填充和图案填充。

8.3　Illustrator 效果

Illustrator 效果是应用于矢量图像的效果，它包括 10 个效果组，有些效果组又包括多个效果。

8.3.1　课堂案例——制作镂空文字效果

【案例学习目标】学习使用"文字"工具和"3D"命令制作镂空文字效果。

【案例知识要点】使用"文字"工具输入文字；使用"创建轮廓"命令将文字轮廓化；使用"路径查找器"面板制作镂空文字；使用"自由变换"工具、"凸出和斜角"命令制作扭曲文字。效果如图 8-98 所示。

扫码观看
本案例视频

扫码观看
扩展案例

图 8-98

（1）按 Ctrl+N 组合键，新建一个文档，设置文档的宽度为 297 mm，高度为 210 mm，取向为横向，颜色模式为 CMYK，单击"确定"按钮。

（2）选择"矩形"工具▣，在适当的位置绘制一个矩形，设置填充色为灰色（0、0、0、30），填充图形，并设置描边色为无，效果如图 8-99 所示。

（3）选择"文字"工具Ｔ，在适当的位置输入需要的文字，选择"选择"工具▶，在属性栏中选择合适的字体并设置文字大小，效果如图 8-100 所示。

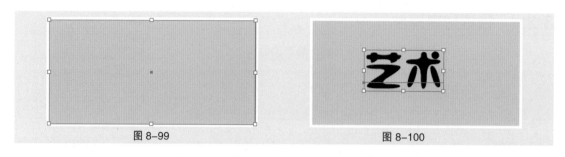

图 8-99　　　　　　　　　　　　　图 8-100

（4）选择"直排文字"工具[IT]，在适当的位置输入需要的文字，选择"选择"工具[▶]，在属性栏中选择合适的字体并设置文字大小，效果如图 8-101 所示。选取文字"空间"，在属性栏中选择合适的字体，效果如图 8-102 所示。

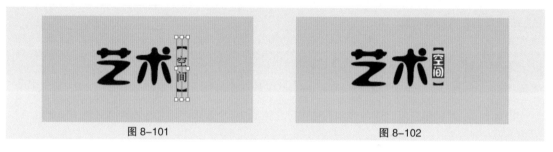

图 8-101　　　　　　　　　　　　图 8-102

（5）选择"选择"工具[▶]，按住 Shift 键的同时，选取需要的文字，如图 8-103 所示，按 Shift+Ctrl+O 组合键，将文字转化为轮廓，效果如图 8-104 所示。

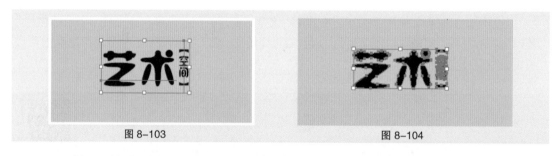

图 8-103　　　　　　　　　　　　图 8-104

（6）选择"选择"工具[▶]，按住 Shift 键的同时，单击下方矩形将其同时选取，选择"窗口 > 路径查找器"命令，弹出"路径查找器"控制面板，单击"减去顶层"按钮[◻]，如图 8-105 所示；生成新的对象，效果如图 8-106 所示。

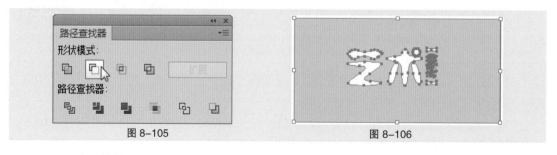

图 8-105　　　　　　　　　　　　图 8-106

（7）双击"旋转"工具[◯]，弹出"旋转"对话框，选项的设置如图 8-107 所示；单击"确定"按钮，效果如图 8-108 所示。

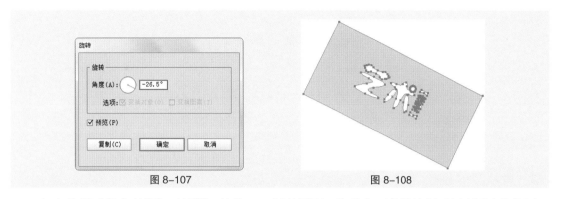

图 8-107　　　　　　　　　　　　　　　　　图 8-108

（8）选择"自由变换"工具 ，按住 Ctrl 键的同时，拖动左下角的控制手柄到适当的位置，扭曲图形，效果如图 8-109 所示。用相同的方法分别拖动其他控制手柄到适当的位置，进行扭曲变形，效果如图 8-110 所示。

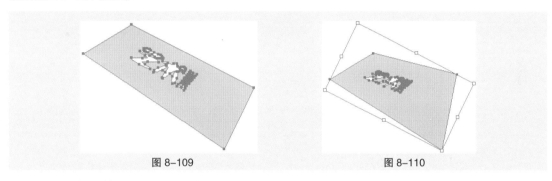

图 8-109　　　　　　　　　　　　　　　　　图 8-110

（9）选择"效果 > 3D > 凸出和斜角"命令，弹出"3D 凸出和斜角选项"对话框，设置如图 8-111 所示，单击"确定"按钮，效果如图 8-112 所示。

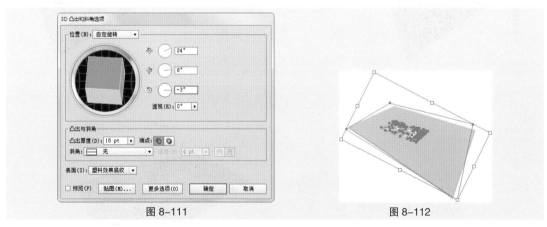

图 8-111　　　　　　　　　　　　　　　　　图 8-112

（10）选择"对象 > 扩展外观"命令，扩展图形外观，效果如图 8-113 所示。连续两次按 Shift+Ctrl+G 组合键，取消图形编组。选择"选择"工具 ，选取灰色图形，按 Ctrl+C 组合键，复制图形（此图形作为备用）。

（11）按 Shift+Ctrl+G 组合键，取消图形编组。选择"对象 > 复合路径 > 释放"命令，释放复合路径，效果如图 8-114 所示。按住 Shift 键的同时，单击下方灰色图形，此时文字被选中，如图 8-115 所示。按 Delete 键将其删除。

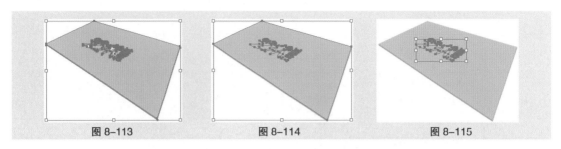

图 8-113　　　　　　　　　　图 8-114　　　　　　　　　　图 8-115

（12）选择"选择"工具 ，选取灰色图形，如图 8-116 所示。按 Ctrl+Shift+ [组合键，将其置于底层，效果如图 8-117 所示。设置填充色为深灰色（0、0、0、49），填充图形，效果如图 8-118 所示。

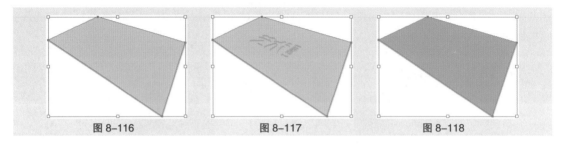

图 8-116　　　　　　　　　　图 8-117　　　　　　　　　　图 8-118

（13）按 Shift+Ctrl+V 组合键，就地粘贴（备用）图形，填充图形为黑色，效果如图 8-119 所示。选择"效果 > 模糊 > 高斯模糊"命令，在弹出的对话框中进行设置，如图 8-120 所示，单击"确定"按钮，效果如图 8-121 所示。

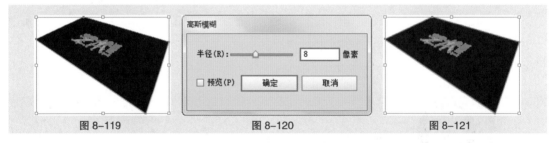

图 8-119　　　　　　　　　　图 8-120　　　　　　　　　　图 8-121

（14）选择"窗口 > 透明度"命令，弹出"透明度"控制面板，将混合模式设置为"正片叠底"，如图 8-122 所示，效果如图 8-123 所示。

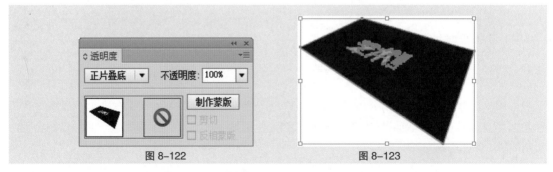

图 8-122　　　　　　　　　　　　　　图 8-123

（15）连续按 Ctrl+ [组合键，将图形向后移至适当的位置，效果如图 8-124 所示。按方向键，微调图形到适当的位置，效果如图 8-125 所示。

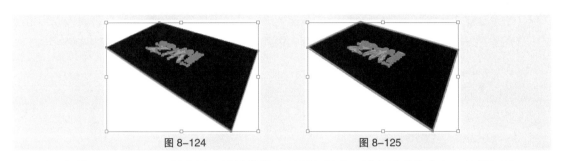

图 8-124   图 8-125

（16）按 Shift+Ctrl+V 组合键，就地粘贴（备用）图形，填充图形为白色，效果如图 8-126 所示。按 Ctrl+F 组合键，将复制的（备用）图形粘贴在前面，如图 8-127 所示。

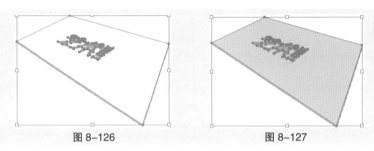

图 8-126   图 8-127

（17）双击"渐变"工具 ，弹出"渐变"控制面板，在色带上设置两个渐变滑块，分别将渐变滑块的位置设置为 0、100，并设置 C、M、Y、K 的值分别为 0（0、0、0、0）、100（0、0、0、67），其他选项的设置如图 8-128 所示，图形被填充为渐变色，效果如图 8-129 所示。按方向键，微调图形到适当的位置，效果如图 8-130 所示。

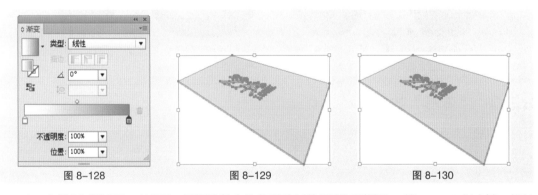

图 8-128   图 8-129   图 8-130

（18）选择"选择"工具 🔖，用框选的方法将所绘制的图形同时选取，按 Ctrl+G 组合键，将其编组，如图 8-131 所示。选择"矩形"工具 ▣，在适当的位置绘制一个矩形，如图 8-132 所示。

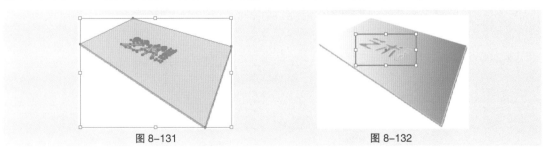

图 8-131   图 8-132

（19）选择"选择"工具 ，按住 Shift 键的同时，单击下方编组图形将其同时选取，如图 8-133 所示，按 Ctrl+7 组合键，建立剪切蒙版，效果如图 8-134 所示。镂空文字效果制作完成。

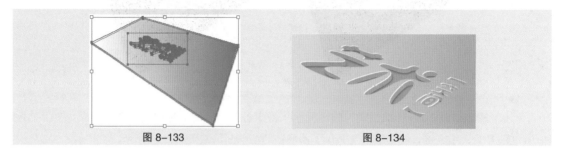

图 8-133　　　　　　　　　　　　　　　　图 8-134

8.3.2　"3D"效果

"3D"效果可以将开放路径、封闭路径或位图对象转换为可以旋转、打光和投影的三维对象，如图 8-135 所示。

图 8-135

"3D"效果组中的效果如图 8-136 所示。

原图像　　　　　"凸出和斜角"效果　　　　　"绕转"效果　　　　　"旋转"效果

图 8-136

8.3.3　"变形"效果

"变形"效果可以使对象扭曲或变形，可作用的对象有路径、文本、网格、混合和栅格图像，如图 8-137 所示。

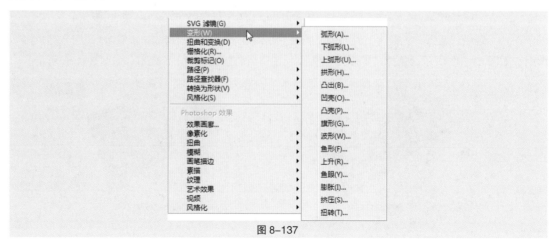

图 8-137

"变形"效果组中的效果如图 8-138 所示。

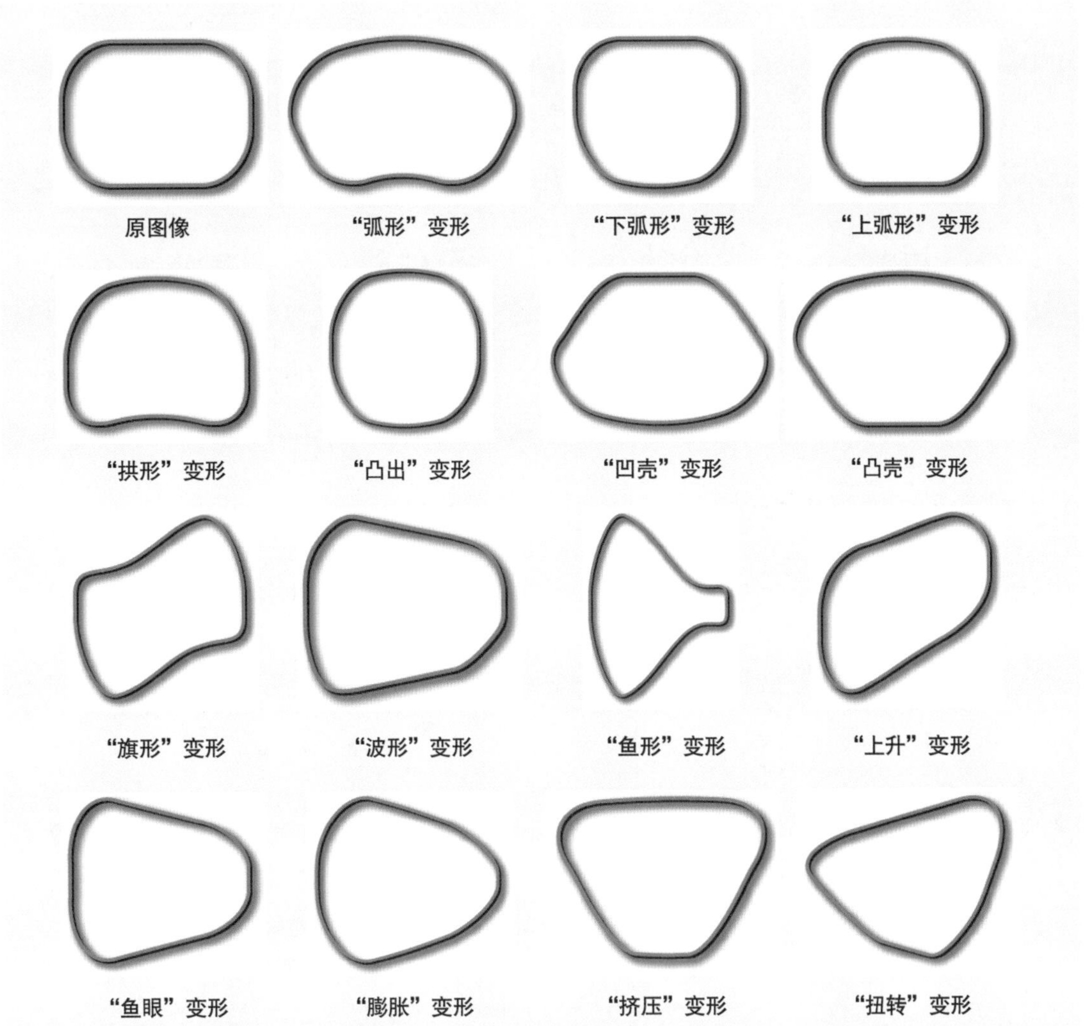

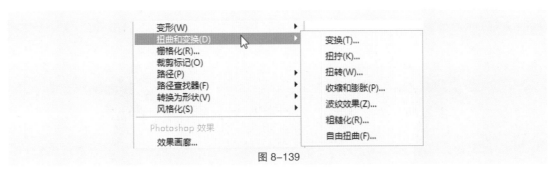

原图像	"弧形"变形	"下弧形"变形	"上弧形"变形
"拱形"变形	"凸出"变形	"凹壳"变形	"凸壳"变形
"旗形"变形	"波形"变形	"鱼形"变形	"上升"变形
"鱼眼"变形	"膨胀"变形	"挤压"变形	"扭转"变形

图 8-138

8.3.4 "扭曲和变换"效果

"扭曲和变换"效果可以使图像产生各种扭曲变形的效果，它包括 7 个效果命令，如图 8-139 所示。

变形(W)   ▶
扭曲和变换(D)   ▶   变换(T)...
栅格化(R)...   扭拧(K)...
裁剪标记(O)   扭转(W)...
路径(P)   ▶   收缩和膨胀(P)...
路径查找器(F)   ▶   波纹效果(Z)...
转换为形状(V)   ▶   粗糙化(R)...
风格化(S)   ▶   自由扭曲(F)...

Photoshop 效果

效果画廊...

图 8-139

"扭曲"效果组中的效果如图 8-140 所示。

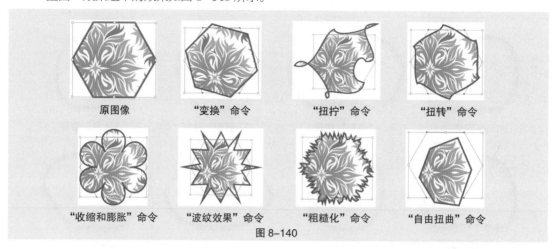

| 原图像 | "变换"命令 | "扭拧"命令 | "扭转"命令 |

| "收缩和膨胀"命令 | "波纹效果"命令 | "粗糙化"命令 | "自由扭曲"命令 |

图 8-140

8.3.5 "风格化"效果

"风格化"效果可以增强对象的外观效果，如图 8-141 所示。

1. "内发光"命令

在对象的内部可以创建发光的外观效果。选中要添加内发光效果的对象，如图 8-142 所示，选择"效果 > 风格化 > 内发光"命令，在弹出的"内发光"对话框中设置数值，如图 8-143 所示，单击"确定"按钮，对象的内发光效果如图 8-144 所示。

图 8-141

图 8-142   图 8-143   图 8-144

2. "圆角"命令

可以为对象添加圆角效果。选中要添加圆角效果的对象，如图 8-145 所示，选择"效果 > 风格化 > 圆角"命令，在弹出的"圆角"对话框中设置数值，如图 8-146 所示，单击"确定"按钮，对象的效果如图 8-147 所示。

图 8-145   图 8-146   图 8-147

3. "外发光"命令

可以在对象的外部创建发光的外观效果。选中要添加外发光效果的对象，如图 8-148 所示，选择"效果 > 风格化 > 外发光"命令，在弹出的"外发光"对话框中设置数值，如图 8-149 所示，单击"确定"按钮，对象的外发光效果如图 8-150 所示。

图 8-148   图 8-149   图 8-150

4. "投影"命令

为对象添加投影。选中要添加投影的对象，如图 8-151 所示，选择"效果 > 风格化 > 投影"命令，在弹出的"投影"对话框中设置数值，如图 8-152 所示，单击"确定"按钮，对象的投影效果如图 8-153 所示。

图 8-151   图 8-152   图 8-153

5. "涂抹"命令

选中要添加涂抹效果的对象，如图 8-154 所示，选择"效果 > 风格化 > 涂抹"命令，在弹出的"涂抹选项"对话框中设置数值，如图 8-155 所示，单击"确定"按钮，对象的效果如图 8-156 所示。

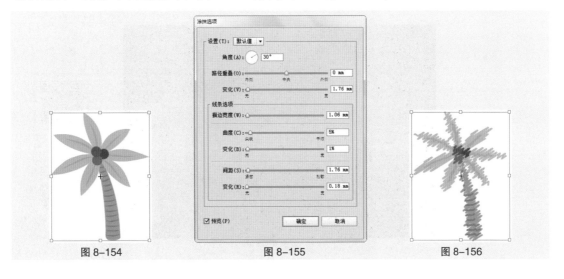

图 8-154   图 8-155   图 8-156

6. "羽化" 命令

将对象的边缘从实心颜色逐渐过渡为无色。选中要羽化的对象，如图 8-157 所示，选择"效果 > 风格化 > 羽化"命令，在弹出的"羽化"对话框中设置数值，如图 8-158 所示，单击"确定"按钮，对象的效果如图 8-159 所示。

图 8-157　　　　　　　　图 8-158　　　　　　　　图 8-159

8.4　Photoshop 效果

Photoshop 效果是应用于位图图像的效果，它包括 1 个效果库和 9 个效果组，有些效果组又包括多个效果。

> 提示：在应用 Photoshop 效果制作图像效果之前，要确定当前新建页面是在 RGB 模式之下，否则效果的各选项为不可用。

8.4.1　课堂案例——制作马赛克文字效果

【案例学习目标】学习使用"文字"工具和"创建对象马赛克"命令制作马赛克文字效果。

【案例知识要点】使用"文字"工具输入文字；使用"创建轮廓"命令将文字轮廓化；使用"栅格化"命令、"创建对象马赛克"命令和"填充"工具制作文字马赛克。效果如图 8-160 所示。

扫码观看
本案例视频

扫码观看
扩展案例

图 8-160

（1）按 Ctrl+N 组合键，新建一个文档，设置文档的宽度为 171 mm，高度为 114 mm，取向为横向，颜色模式为 CMYK，单击"确定"按钮。

（2）选择文件 > 置入"命令，弹出"置入"对话框，选择素材 01 文件，单击"置入"按钮，将图片置入到页面中。在属性中单击"嵌入"按钮，嵌入图片，效果如图 8-161 所示。

（3）选择"窗口 > 对齐"命令，弹出"对齐"控制面板，将对齐方式设置为"对齐画板"，如图 8-162 所示。分别单击"水平居中对齐"按钮和"垂直居中对齐"按钮，图片与页面居中对齐，效果如图 8-163 所示。按 Ctrl+2 组合键，锁定所选对象。

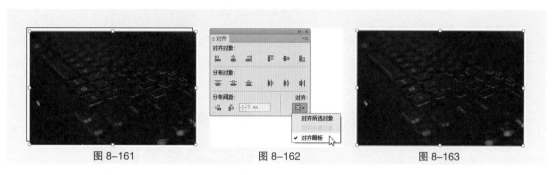

图 8-161　　　　　　　　图 8-162　　　　　　　　图 8-163

（4）选择"文字"工具，在页面外输入需要的文字，选择"选择"工具，在属性栏中选择合适的字体并设置文字大小，效果如图 8-164 所示。按 Shift+Ctrl+O 组合键，将文字转化为轮廓，效果如图 8-165 所示。

图 8-164　　　　　　　　　　　图 8-165

（5）选择"对象 > 栅格化"命令，在弹出的"栅格化"对话框中进行设置，如图 8-166 所示，单击"确定"按钮，效果如图 8-167 所示。

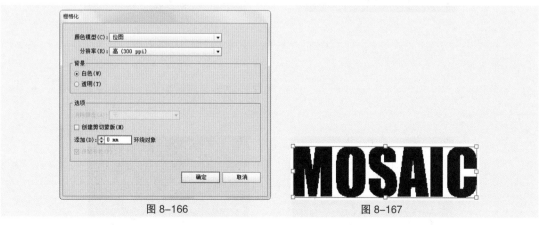

图 8-166　　　　　　　　　　　图 8-167

（6）选择"对象 > 创建对象马赛克"命令，在弹出的"创建对象马赛克"对话框中进行设置，如图 8-168 所示，单击"确定"按钮，效果如图 8-169 所示。

图 8-168   图 8-169

（7）选择"选择"工具 ，拖动图形到页面中适当的位置，效果如图 8-170 所示。按 Shift+Ctrl+G 组合键，取消图形编组，选取一个白色马赛克图形，如图 8-171 所示。

图 8-170   图 8-171

（8）选择"选择 > 相同 > 外观"命令，将所有白色马赛克图形同时选取，如图 8-172 所示。按 Delete 键将其删除，效果如图 8-173 所示。

图 8-172   图 8-173

（9）选择"选择"工具，用框选的方法将所有的文字图形同时选取，按 Ctrl+G 组合键，将其编组，如图 8-174 所示。设置填充色为深红色（0、100、100、40），填充图形；设置描边色为米黄色（0、0、30、0），填充描边；并在属性栏中将"描边粗细"选项设置为 0.25 pt，按 Enter 键确定操作，取消选取状态，效果如图 8-175 所示。马赛克文字效果制作完成。

图 8-174   图 8-175

8.4.2 "像素化"效果

"像素化"效果可以将图像中颜色相似的像素合并起来，产生特殊的效果，如图8-176所示。

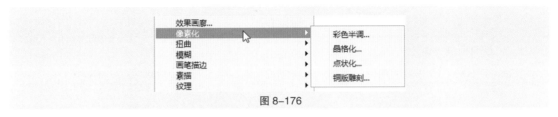

图8-176

"像素化"效果组中的效果如图8-177所示。

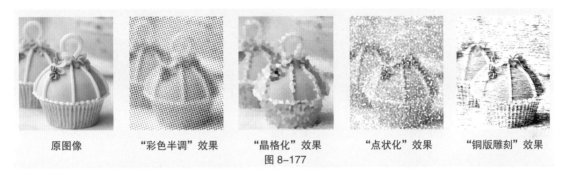

原图像　　　　"彩色半调"效果　　　"晶格化"效果　　　"点状化"效果　　　"铜版雕刻"效果

图8-177

8.4.3 "扭曲"效果

"扭曲"效果可以对像素进行移动或插值来使图像达到扭曲效果，如图8-178所示。

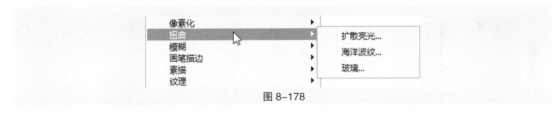

图8-178

"扭曲"效果组中的效果如图8-179所示。

原图像　　　　　"扩散亮光"效果　　　　"海洋波纹"效果　　　　　"玻璃"效果

图8-179

8.4.4 "模糊"效果

"模糊"效果可以削弱相邻像素之间的对比度，使图像达到柔化的效果，如图8-180所示。

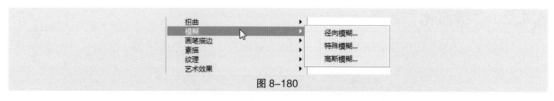

图 8-180

1. "径向模糊"命令

"径向模糊"命令可以使图像产生旋转或运动的效果，模糊的中心位置可以任意调整。

选中图像，如图 8-181 所示。选择"效果 > 模糊 > 径向模糊"命令，在弹出的"径向模糊"对话框中进行设置，如图 8-182 所示，单击"确定"按钮，图像效果如图 8-183 所示。

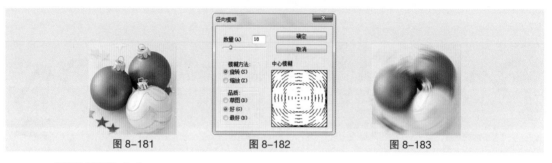

图 8-181　　　　　　　图 8-182　　　　　　　图 8-183

2. "特殊模糊"命令

"特殊模糊"命令可以使图像背景产生模糊效果，可以用来制作柔化效果。

选中图像，如图 8-184 所示。选择"效果 > 模糊 > 特殊模糊"命令，在弹出的"特殊模糊"对话框中进行设置，如图 8-185 所示，单击"确定"按钮，图像效果如图 8-186 所示。

图 8-184　　　　　　　图 8-185　　　　　　　图 8-186

3. "高斯模糊"命令

"高斯模糊"命令可以使图像变得柔和，可以用来制作倒影或投影。

选中图像，如图 8-187 所示。选择"效果 > 模糊 > 高斯模糊"命令，在弹出的"高斯模糊"对话框中进行设置，如图 8-188 所示，单击"确定"按钮，图像效果如图 8-189 所示。

图 8-187　　　　　　　图 8-188　　　　　　　图 8-189

8.4.5 "画笔描边"效果

"画笔描边"效果可以通过不同的画笔和油墨设置产生类似绘画的效果，如图 8-190 所示。

图 8-190

"画笔描边"效果组中的效果如图 8-191 所示。

原图像　　　　　"喷溅"效果　　　　　"喷色描边"效果

"墨水轮廓"效果　　　"强化的边缘"效果　　　"成角的线条"效果

"深色线条"效果　　　　"烟灰墨"效果　　　　　"阴影线"效果

图 8-191

8.4.6 "素描"效果

"素描"效果可以模拟现实中的素描、速写等美术方法对图像进行处理，如图 8-192 所示。

图 8-192

"素描"效果组中的效果如图 8-193 所示。

原图像　　　　　　　　"便条纸"效果　　　　　　　"半调图案"效果

"图章"效果　　　　"基底凸现"效果　　　　"影印"效果　　　　"撕边"效果

"水彩画纸"效果　　　"炭笔"效果　　　　"炭精笔"效果　　　　"石膏效果"效果

"粉笔和炭笔"效果　　　"绘图笔"效果　　　　"网状"效果　　　　"铬黄"效果

图 8-193

8.4.7 "纹理"效果

"纹理"效果可以使图像产生各种纹理效果,还可以利用前景色在空白的图像上制作纹理图,如图 8-194 所示。

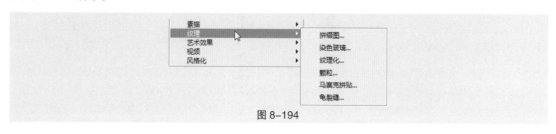

图 8-194

"纹理"效果组中的效果如图 8-195 所示。

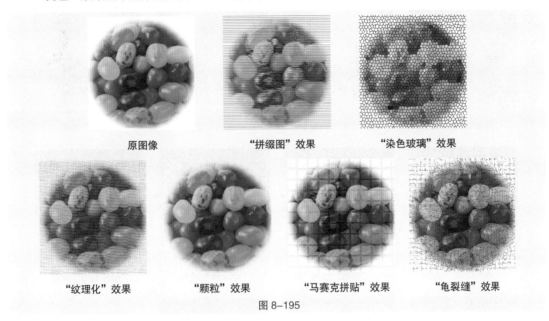

原图像　　　　　"拼缀图"效果　　　　　"染色玻璃"效果

"纹理化"效果　　　"颗粒"效果　　　"马赛克拼贴"效果　　　"龟裂缝"效果

图 8-195

8.4.8　"艺术效果"效果

"艺术效果"效果可以模拟不同的艺术派别，使用不同的工具和介质为图像创造出不同的艺术效果，如图 8-196 所示。

图 8-196

"艺术效果"效果组中的效果如图 8-197 所示。

原图像　　　　　"塑料包装"效果　　　　　"壁画"效果　　　　　"干画笔"效果

图 8-197

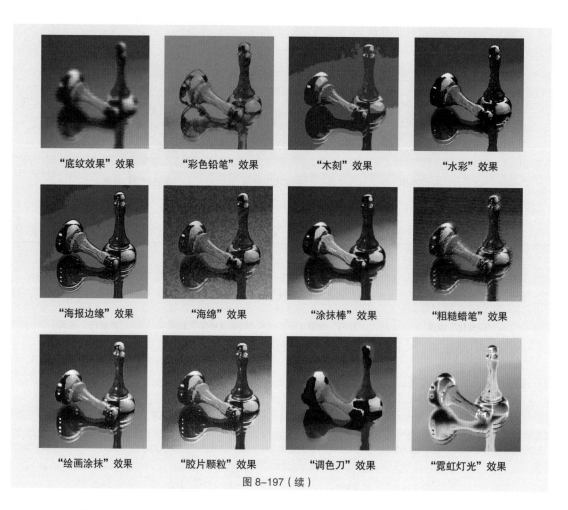

"底纹效果" 效果 　　"彩色铅笔" 效果 　　"木刻" 效果 　　"水彩" 效果

"海报边缘" 效果 　　"海绵" 效果 　　"涂抹棒" 效果 　　"粗糙蜡笔" 效果

"绘画涂抹" 效果 　　"胶片颗粒" 效果 　　"调色刀" 效果 　　"霓虹灯光" 效果

图 8-197（续）

8.4.9 "风格化"效果

"风格化"效果组中只有 1 个效果，如图 8-198 所示。"照亮边缘"效果可以把图像中的低对比度区域变为黑色，高对比度区域变为白色，从而使图像上不同颜色的交界处产生发光效果。

图 8-198

选择"选择"工具，选中图像，如图 8-199 所示，选择"效果 > 风格化 > 照亮边缘"命令，在弹出的"照亮边缘"对话框中进行设置，如图 8-200 所示，单击"确定"按钮，图像效果如图 8-201 所示。

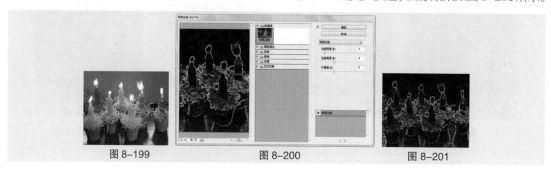

图 8-199 　　图 8-200 　　图 8-201

8.5 课堂练习——制作销售海报

【习题知识要点】使用"文字"工具添加文字；使用"混合"工具制作立体化文字效果；使用"置入"命令和"透明度"面板添加销售产品。效果如图 8-202 所示。

扫码观看
本案例视频

图 8-202

8.6 课后习题——制作霓虹光文字效果

【习题知识要点】使用"圆角矩形"工具、"轮廓化描边"命令、"外观"控制面板和"高斯模糊"命令制作霓虹光效果；使用"文字"工具、"字符"控制面板添加文字；使用"吸管"工具吸取相关属性。效果如图 8-203 所示。

扫码观看
本案例视频

图 8-203

第 9 章

商业案例

09

▶ **本章介绍**

　　本章结合多个应用领域商业案例的实际应用，通过项目背景、项目设计、项目制作进一步详解 Illustrator 的强大应用功能和制作技巧。使读者在学习商业案例并完成大量商业练习后，可以快速地掌握商业案例设计的理念和软件的技术要点，设计制作出专业的案例。

学习目标

- 掌握软件基础知识的使用方法
- 了解 Illustrator 的常用设计领域
- 掌握 Illustrator 在不同设计领域的使用技巧

技能目标

- 掌握"手机 UI 界面"的制作方法
- 掌握"手机摄影书籍封面"的制作方法
- 掌握"坚果食品包装"的制作方法

慕课视频

商业案例

9.1 手机 UI 界面设计

9.1.1 项目背景

1. 客户名称

达林诺餐厅。

2. 客户需求

达林诺餐厅是一家经营年代久远、专门烹饪传统中国菜的餐饮公司，现需要设计一款关于美食App 的图标和欣赏、登录、分类、菜单界面，要求能够吸引顾客，体现餐厅的特色，操作简单、内容简洁。

9.1.2 项目要求

（1）使用深色的背景能够给人沉稳和踏实的感觉，衬托食物的色彩增强顾客的食欲。

（2）界面要干净整洁，分类要简单易懂。

（3）设计要符合大多数人的使用习惯。

（4）整体设计美观大方，能够彰显餐厅的特色。

（5）设计规格为 508 mm（宽）×322 mm（高），分辨率为 150 dpi。

9.1.3 项目设计

本案例设计流程如图 9-1 所示。

制作米食客图标　　　　制作欣赏界面　　　　制作登录界面　　　　制作美食分类界面　　　制作今日菜单界面

图 9-1

9.1.4 项目要点

使用"椭圆"工具、"比例缩放"工具、"钢笔"工具、"分割下方对象"命令制作信号源及Wi-Fi 图标；使用"圆角矩形"工具、"矩形"工具、"直接选择"工具制作电池；使用"圆角矩形"工具、"渐变"工具、"钢笔"工具、"描边"控制面板制作米食客扁平化图标；使用"置入"命令、"剪切蒙版"命令、"文字"工具和"图形绘制"工具制作欣赏界面及其他界面。

9.2 手机摄影书籍封面设计

9.2.1 项目背景

1. 客户名称

安氏图书文化有限公司。

2. 客户需求

《超美丽 手机摄影大全》是一本手机摄影类的工具书，以直观的形式介绍手机摄影的技能特点，要求为该书籍设计封面，设计元素要简洁大气，符合手机摄影的特点。

9.2.2 项目要求

（1）书籍封面的设计要简洁而不失活泼，避免呆板。

（2）设计要求具有时代感，体现出便捷、清晰、有生活气息的特点。

（3）画面色彩运用要简洁、舒适，在视觉上能吸引人们的眼光。

（4）要留给人想象的空间，使人产生向往之情。

（5）设计规格均为 383 mm（宽）×260 mm（高），分辨率为 300 dpi。

9.2.3 项目设计

本案例设计流程如图 9-2 所示。

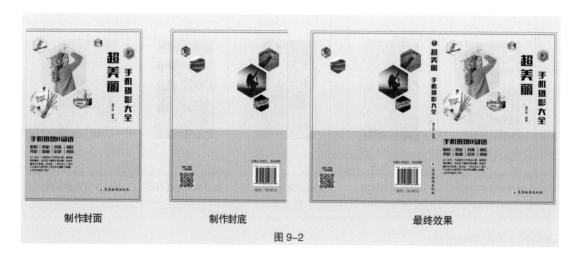

制作封面　　　　　　制作封底　　　　　　　最终效果

图 9-2

9.2.4 项目要点

使用"矩形"工具、"置入"命令、"多边形"工具和"剪切蒙版"命令制作背景；使用"文字"工具、"字符"控制面板添加标题及相关信息；使用"符号库"命令制作出版社标志。

9.3 坚果食品包装设计

9.3.1 项目背景

1. 客户名称
松鼠果果坚果有限公司。

2. 客户需求

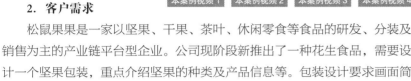

松鼠果果是一家以坚果、干果、茶叶、休闲零食等食品的研发、分装及销售为主的产业链平台型企业。公司现阶段新推出了一种花生食品，需要设计一个坚果包装，重点介绍坚果的种类及产品信息等。包装设计要求画面简洁、视觉效果醒目。

9.3.2 项目要求

（1）包装袋使用卡通绘图给人活泼和亲近感。

（2）将产品图片放在画面中的主要位置，突出主题。

（3）以真实的产品图片作为背景，向观众传达真实的信息内容。

（4）整体设计简洁明了，能够第一时间传递给用户最有用的信息。

（5）设计规格均为 160 mm（宽）×240 mm（高），分辨率为 300 dpi。

9.3.3 项目设计

本案例设计流程如图 9-3 所示。

绘制卡通松鼠 　　　　制作包装平面展开图 　　　　制作包装立体展示图

图 9-3

9.3.4 项目要点

使用"矩形"工具、"钢笔"工具、"填充"工具和"不透明度"控制面板制作包装底图；使用"图形绘制"工具、"剪切蒙版"命令、"镜像"工具和"填充"工具绘制卡通松鼠；使用"文字"工具、"字符"控制面板添加商品名称及其他相关信息；使用"置入"命令、"投影"命令、"剪切蒙版"命令和"混合模式"选项制作包装展示图。

9.4 课堂练习——商场海报设计

9.4.1 项目背景

1. 客户名称

永美世贸商场。

2. 客户需求

永美世贸商场是一家平民化的综合性购物商城，致力于打造更贴合平民大众的购物平台。现阶段需要设计一个关于岭城分店的开业海报，要求能突出体现海报宣传的主题，同时展现出热闹的氛围和视觉冲击感。

9.4.2 项目要求

（1）红色的背景和金色的点缀形成热闹的氛围。

（2）立体化的文字突出宣传主题，能瞬间抓住人们的视线。

（3）放射光的设计形成具有冲击力的画面，突出主题。

（4）装饰图形和飘落的红包形成动静结合的画面，增强了氛围感。

（5）设计规格均为 500 mm（宽）×700 mm（高），分辨率为 300 dpi。

9.4.3 项目设计

本案例设计效果如图 9-4 所示。

图 9-4

9.4.4 项目要点

使用"置入"命令置入素材图片；使用"文字"工具、"倾斜"工具、"渐变"工具、"混合"工具制作立体文字；使用"钢笔"工具、"渐变"工具绘制装饰图形；使用"圆角矩形"工具、"椭圆"工具和"投影"命令制作扫码条。

9.5 课后习题——瑞城地产 VI 手册设计

9.5.1 项目背景

1. 客户名称

微迪设计公司。

2. 客户需求

微迪设计公司是一家集 UI 设计、LOGO 设计、VI 设计和界面设计于一体的设计公司，得到众多客户的一致好评。公司现阶段需要为瑞城地产集团设计一款 VI 手册，要求使用直观、形象的方式展现出公司的经营理念和宣传主体。

9.5.2 项目要求

（1）拟物化的设计形象生动地展示出公司的主营项目和经营理念。

（2）系统化、立体化的设计辨识度高，让人一目了然。

（3）图标和手册设计简洁明了、清晰直观。

（4）图标和模板的合理搭配起到丰富画面、增加活泼感的效果。

（5）设计规格均为 210 mm（宽）×297 mm（高），分辨率为 300 dpi。

9.5.3 项目设计

本案例设计效果如图 9-5 所示。

图 9-5

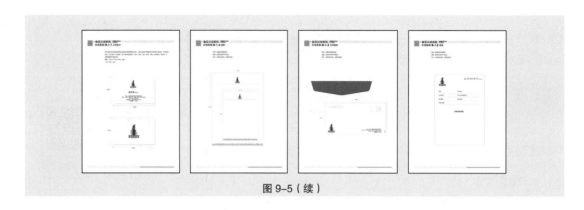

图 9-5（续）

9.5.4 项目要点

使用"矩形"工具、"直接选择"工具、"透明度"控制面板、"钢笔"工具和"文字"工具制作标志；使用"矩形"工具、"直线段"工具、"剪切蒙版"命令和"文字"工具制作模板；使用"矩形网格"工具绘制需要的网格；使用"直线段"工具和"文字"工具对图形进行标注；使用"绘图"工具和"镜像"命令制作信封效果；使用"描边"控制面板制作虚线效果。

常用工具
速查表

常用快捷键
速查表